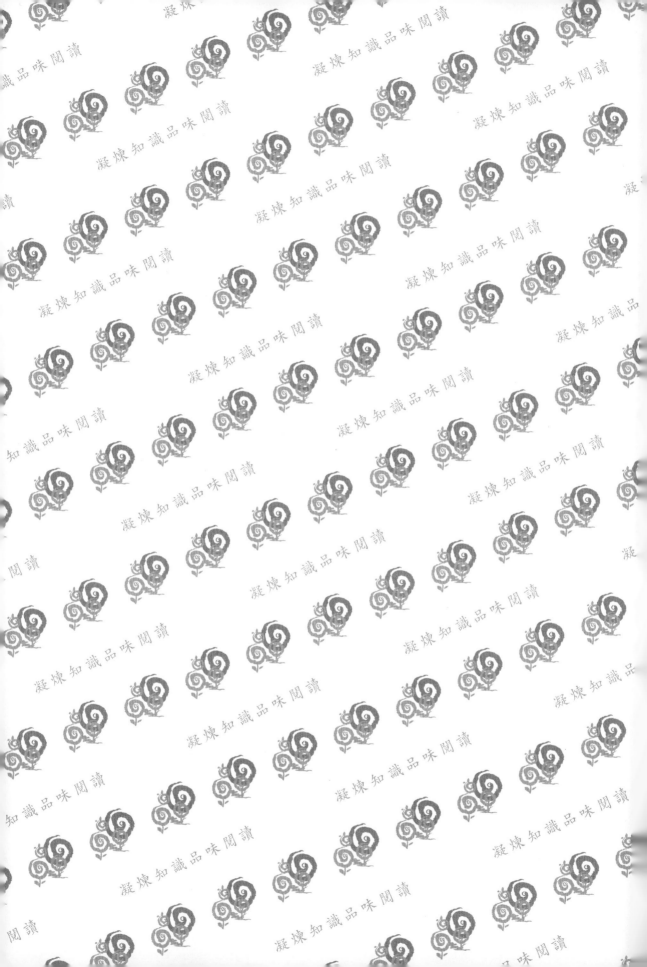

行銷管理技能 與 實務

陳榮岳 著

五南圖書出版公司 印行

序

行銷管理技能書籍編寫緣起

　　若干年前，在那個還沒有 EMBA 學程的年代，一個偶然的機會，我有幸接到臺灣淡江大學企經班的行銷課程授課邀約。記得當年我遇到的第一個難題是，什麼樣的行銷課程題目、什麼樣的行銷課程內容，對這群已經工作多年的企業精英在工作上能夠有所助益？幾經思考後將課程題目訂為「行銷企劃作業實務」，課程內容以行銷企劃經理人的實務工作為主軸規劃設計。行銷企劃作業實務課程後來也在中華民國管理科學學會等單位的對外公開班授課。臺灣淡江大學行銷課程授課大約持續 3 年時間，後來因為個人前往天津康師傅集團任職而中止。

　　在中國大陸內地工作期間，由於工作上需要，課程講義編寫內容逐漸包含了行銷企劃、營業銷售與行銷稽核等三大模塊的行銷管理主題。工作夥伴在前往其他公司發展之後，偶爾也會聯繫分享行銷課程講義。此期間我私下也曾自問，現在都已經是工業 4.0 年代了，行銷 4.0 也有學者專家的大作出版了，而這些行銷管理講義對於在企業服務的行銷經理人有工作上的幫助嗎？

　　這項「對行銷經理人有沒有工作上的幫助」議題，引發我個人進一步探討研究的動機。遵循德爾菲法（Delphi Method）精神，我邀約大陸內地快消品知名品牌的 8 位行銷總監級與總經理級的高階高管，組成專家團隊。經過與專家團隊幾輪訪談之後，最終得到下列二項共識結論：

　　　　行銷管理講義對於目前在企業服務的行銷經理人有工作上的幫助。

　　　　行銷管理講義使用時需要依據自家公司的行銷管理現況自行調整。

企業變大變強的管理變革成長思維

　　企業經營是一種持續性的管理過程，企業在不同經營階段，各自有其階段性的經營優勢與需要突破的經營瓶頸。企業賺了第一桶金以後，短期間內應該已經沒有生存經營壓力。但是下一階段的經營管理，對外需要面對愈來愈激烈的市場競爭，對內需要面對業績成長與組織擴大之後帶來的內部管理問題。營業銷售業績如何持續成長？品牌產品如何提升市場競爭優勢？在此階段，企業經營層面應該開始思考管理變革的相關問題。

管理變革是管理職能全面升級的系統工程，除了部分管理理念必須調整之外，還需要有具體的管理制度來支撐，經由管理制度的完善規劃以及精細化管理執行，改善提升企業經營管理體質，迎接下階段營業銷售業績快速成長的挑戰。

管理變革使得企業經營體質更具有生存發展優勢。

管理變革使得企業產品在市場上更具有競爭能力。

管理變革還存在一個隱性的管理變革目標。在管理變革過程中，將企業的經營管理模式提升到「法制」的層次，以制度來規範與管理企業，盡量減少創業初期階段的「人治」色彩。

本書編寫初衷

知識與學理的學習吸收主要是經由閱讀，如果文字說明夠清楚，專心閱讀比聽講在吸收知識上更有效率（司徒達賢，2015）。

行銷管理制度研擬規劃並不難，方案要研擬規劃得詳細、周延、務實，能夠落地執行，還是需要實戰經驗與編寫技巧，如果有實戰案例參考那就更完美。

行銷管理技能與實務書籍編寫，選擇十八項行銷管理主題，行銷管理主題以章節編寫，章節內容以實戰行銷作業為主軸，並輔以相關作業表格為附件，讓讀者可以直接使用附件表格，或參考自家公司管理現況自行調整修改之後可以使用。

本書的使用模式建議

建議讀者可以不用急著把各章節內容一次性的都看完，先看章節目錄知道本書有哪些行銷管理主題章節即可。

知識的價值不在懂或不懂，知識的價值在有可使用的平臺。

在工作上用得著的時候，翻找相關行銷主題章節參考內容。

在個人空閒的時候，翻找自己有興趣的行銷主題章節閱讀。

本書特色

本書章節內容包含行銷企劃職能與銷售管理職能的重要議題。

行銷經理人可以使用本書作為提升行銷管理技能的參考教材。

行銷經理人可以使用本書作爲行銷部門在職培訓的參考教材。

企業老闆可以使用本書作爲啓動第一次管理變革的參考框架。

陳縈岳

作者於臺北市 2024 年 08 月

目 錄

Chapter 11 通路衝突與區域經銷制度   113

Chapter 12 經銷商開發與評估選擇   133

Chapter

1

行銷企劃團隊組建規劃

1.1 行銷企劃運籌帷幄決戰千里

- 行銷企劃是營業銷售的龍頭單位。
- 準確的目標市場定位，發展市場需求產品。
- 塑造通路拳頭產品，提升通路產品戰力。
- 規劃通路拓展策略，市場銷售通路拓展布局。
- 研擬通路價格體系，提升通路產品價格戰力。
- 研擬銷售推廣促銷辦法，提升產品通路推力，提升通路末端拉力。
- 研擬品牌廣告宣傳活動，提升品牌知名度，提升通路末端拉力。

　　健全行銷企劃運作應該從行銷企劃團隊的組織架構與工作職掌規劃做起。良好的行銷企劃組織架構設計，行銷企劃工作事務都有負責的專責單位，行銷企劃工作事務自然能夠順暢運作，充分發揮群策群力團隊組織戰力。

　　行銷企劃是專業性較強的工作。行銷企劃幹部需要較長時間的培育養成，外聘具有一定實戰經驗的行銷企劃高手加入行銷企劃團隊幾乎是可遇不可求的事。因此，在組建行銷企劃團隊時候，行銷企劃部門的組織人員編制，應該要有儲備養成幹部的觀念，最好能夠有較富餘的編制員額。培育養成後的行銷企劃幹部，同時也會是優秀的營業銷售幹部。

1.2 行銷企劃部門名稱與工作職掌

　　基於企業老闆個人對行銷企劃工作職掌認知的不同，或企業在不同經營階段對行銷企劃工作的不同需求，一般企業行銷企劃的部門名稱與工作職掌在規劃時候可能也會有較大的差異，或有甚者，可能部門名稱相同但是部門工作職掌可能完全不同，或有可能兩個不同名稱的部門但是其工作職掌卻十分相似。因此，想要瞭解一家企業的行銷企劃作業事項如何運作？如何分工？不能只看行銷企劃部門名稱，還需要進一步瞭解其部門工作職掌是如何分工規劃的。

1.2.1 常見的行銷企劃部門名稱

　　企業如果組織規模還不是很大，或者是剛剛開始成立行銷企劃單位，可以先規劃設置一個「行銷企劃」部門，綜合管理所有行銷企劃職掌事務。隨著企業組織逐漸變大，或企業對行銷企劃工作事務有了較迫切的行銷管理需求，再逐漸增設專業性更強的行銷企劃單位。

- 行銷企劃類：行銷企劃、銷售推廣、促銷推廣。
- 產品企劃類：產品企劃、包裝設計。
- 品牌企劃類：廣告、品牌、品牌企劃、品牌管理。

1.2.2 行銷企劃部門工作職掌規劃

　　行銷企劃職掌基本上可以分為三大類企劃職掌：行銷企劃類、產品企劃類與品牌企劃類。三大類企劃職掌所需要具備的專業知識，基本上有較大的差異不同。因此讓行銷企劃人員有機會在三大類企劃職掌單位工作輪調，是培育中高階行銷企劃主管很好的想法。個人發覺有些大型企業還會挑選一些優秀的生管、採購、品管、銷售人員加入行銷企劃團隊。

　　企業組織部門就是一個工作責任單位，組織部門必需完成部門職掌相關的所有工作事務。研擬規劃部門工作職掌，條列組織部門主要工作職掌項目即可，每年再依據階段性管理重點做適當調整。完全列出組織部門所有工作職掌是有困難的，也沒有完全條列的必要性，因為組織部門總會有新工作事務產生。

　　在研擬規劃行銷企劃組織部門之前，需要先瞭解三大類企劃有哪些主要的職掌，以下條列三大類企劃的主要職掌作為規劃參考。

1.2.3 行銷企劃類主要工作職掌

1. 市場經營環境與政府相關法令之研究。
2. 品牌產品定位策略之研擬規劃。
3. 產品線的寬度、廣度與深度之研擬規劃。
4. 市場經營與通路拓展策略之研擬規劃。
5. 新產品開發之市場競爭能力研擬規劃。

6. 新產品上市作業與推廣模式之研擬規劃。

7. 產品通路價格體系之研擬規劃。

8. 提升產品通路戰力策略之研擬規劃。

9. 各項推廣、促銷、獎勵辦法之研擬規劃。

10. 滯銷品與淘汰品之處理作業研擬規劃。

11. 年度營業銷售目標之研擬與分配規劃。

12. 其他上級交辦事項之辦理。

1.2.4 產品企劃類主要工作職掌

1. 新產品發展管制流程之研擬規劃。

2. 新產品開發之市場競爭力研擬參與。

3. 新產品開發進度之協調與跟進管控。

4. 新產品原料採購品質標準之管控參與。

5. 新產品生產製造品質標準之管控參與。

6. 新產品包裝材質標準選定之研擬規劃。

7. 新產品包裝設計表現之研擬規劃。

8. 包裝印刷製造廠商之評估選擇。

9. 產品包裝迭代更新之研擬規劃。

10. 其他上級交辦事項之辦理。

1.2.5 品牌企劃類主要工作職掌

1. VI 系統維護管理與升級之研擬規劃。

2. 年度品牌廣告宣傳投放策略之研擬規劃。

3. 年度廣告主題與廣告媒體選擇之研擬規劃。

4. 年度各項對外參展活動之研擬規劃。

5. 年度銷售贈品與促進物品之研擬規劃。

6. 年度經銷商聯誼活動之研擬規劃。

7. 產品生動化陳列標準之研擬規劃。

8. 線上各項品牌推廣活動之研擬規劃。

9. 線下各項品牌推廣活動之研擬規劃。

10. 其他上級交辦事項之辦理。

1.3 行銷企劃團隊組建規劃

　　行銷企劃團隊組建可以採用漸進式的編制模式。先行規劃成立一個行銷企劃部門，負責行銷企劃的所有工作職掌事務。再依據企業階段性對行銷企劃工作的需求狀況，以及行銷企劃人員的儲備狀況，規劃成立專業性更強的行銷企劃單位。新行銷企劃單位成立後，將行銷企劃部門相關工作職掌事物隨之劃分歸屬新成立的行銷企劃單位。

　　例如：行銷企劃部門新成立產品企劃單位，原來行銷企劃部門有關產品企劃的工作職掌也隨之調整劃歸到產品企劃單位。

　　例如：產品企劃部門新成立包裝設計單位，原來產品企劃部門有關包裝設計的工作職掌也隨之調整劃歸到包裝設計單位。

　　隨著企業對行銷企劃工作的需求狀況，逐漸成立專業性更強的行銷企劃部門，行銷企劃團隊組建也逐漸完成。

第一階段：成立行銷企劃部

1. 成立行銷企劃部，組織編制部門經理 1 人，部門人員若干人。
2. 所有行銷企劃工作職掌都由這個部門來負責

　　行銷企劃部內部可以簡單分為行銷企劃、產品企劃、廣告企劃等工作小組。多項職掌可以規劃由一個人負責，一個人也可以同時負責多項職掌工作。
3. 簡言之，即先成立行銷企劃部負責行銷企劃所有的工作職掌事務。

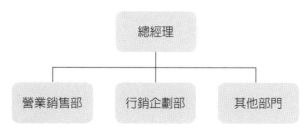

圖 1-1 成立行銷企劃部

第二階段：成立專業化的行銷企劃單位

依據企業階段性對企劃工作的需求狀況以及行銷企劃人員的儲備狀況，逐漸組織編制專業性更強的行銷企劃單位。

例如：成立產品企劃單位、成立品牌管理單位。

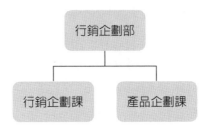

圖 1-2 成立產品企劃課

圖 1-3 成立品牌管理課

第三階段：成立銷售推廣單位

1. 行銷企劃部門規劃成立銷售推廣課。
2. 銷售推廣課在主要省區成立銷售推廣組，配屬在省級營業部工作。

公司銷售推廣課，負責各項銷售推廣制度辦法的研擬規劃。配置在省級營業部的銷售推廣組，負責執行各項銷售推廣制度辦法。

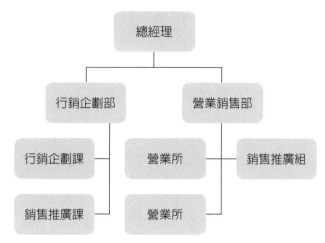

圖 1-4 成立銷售推廣課／銷售推廣組

第四階段：成立行銷企劃部、產品企劃部與品牌管理部

全面強化行銷企劃組織職能，成立行銷企劃部、產品企劃部與品牌管理部。

1. 行銷企劃部規劃成立行銷企劃與銷售推廣兩單位。
2. 產品企劃部規劃成立產品企劃與包裝設計兩單位。
3. 品牌管理部規劃成立平面媒體與網路媒體兩單位。

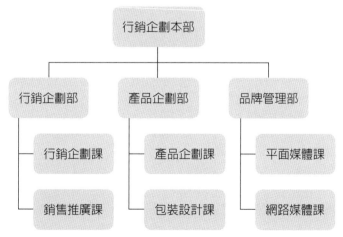

圖 1-5 成立行銷企劃部、產品企劃部與品牌管理部

1.4 事業群行銷企劃團隊規劃模式

1. 事業群本部成立產品企劃本部

　　產品企劃本部以產品戰略發展與新產品開發為主要工作職掌。

2. 地區公司成立行銷企劃部

　　行銷企劃部承接事業群發展的新產品,研擬規劃地區公司銷售推廣方案。

3. 行銷企劃部在主要省區成立銷售推廣單位,配屬省級營業部一起工作

　　配屬在省級營業部的銷售推廣單位,執行地區公司行銷企劃部研擬規劃的銷售推廣方案。

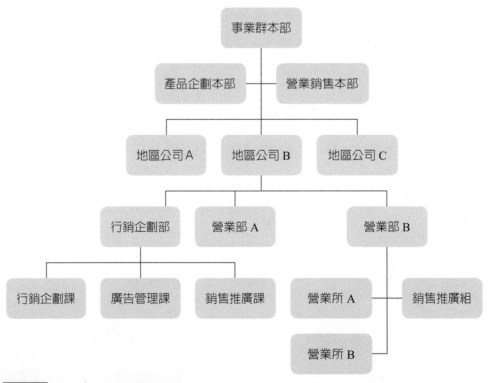

圖 1-6　事業群行銷企劃團隊規劃模式

行銷資訊頻道

一、對企劃內容的認知

一般常聽到的「企劃」，依其企劃內容可以分為行銷企劃類、經營管理企劃類以及新事業經營企劃類等三大類。

行銷企劃類：以產品、價格、通路與推銷，為核心內容的企劃作業。

經營管理企劃類：以企業運營模式之規劃或調整，為核心內容的企劃作業。

新事業經營企劃類：以新事業運營模式規劃，為核心內容的企劃作業。

二、行銷活動邊界

行銷活動分類架構，一般以麥卡賽（E. Jerome McCarthy）所提的 4P 分類架構普遍性的接受度最高。

所謂 4P 是：產品（Product）、價格（Price）、分配（Place）、推銷（Promotion），4P 分類架構就成為行銷活動邊界。

當然，行銷活動的具體內容會受當時的很多因素影響，以下摘錄介紹當初麥卡賽所提的 4P 行銷活動內容。（許士軍，1986）

1. 產品（Product）

發展並試銷新產品；改進現有產品；淘汰不能滿足消費者欲望之產品；擬訂品牌名稱及品牌政策；設定保證及履行保證之程式；設計包裝（包含材料、大小、形式、顏色及式樣等）。

2. 價格（Price）

擬訂價格政策；決定定價方法；設定價格；決定各種購買的時機；訂定銷售狀況及條件；分析競爭者價格。

3. 分配（Place）

分析各種分配通路形態；建立通路；設立適當的分配通路；設計、改善零售商關係之計畫；設置分配中心；擬訂及執行產品搬運之程式；建立存貨控制制度；分析運輸方法；降低分配成本；分析廠房、批發或零售出口之可能位置。

4. 推銷（Promotion）

設定推銷目標；選擇所用推銷方法；選擇廣告媒體並安排時間；擬訂廣告資訊；衡量廣告效果；招聘及訓練推銷人員；擬訂銷售人員薪酬制度；劃分銷售區域，計畫並執行促銷活動，例如：贈品、點券、陳列、抽獎、比賽及合作廣告等；擬訂並發表新聞稿。

三、行銷管理循環（Marketing Plan-Do-See Cycle）

行銷管理循環可以作為行銷團隊組織規劃的依據參考：Plan（行銷企劃單位）、Do（營業銷售單位）、See（銷售管理單位）。

各單位的主要工作事項分類大體如下：

行銷企劃：行銷 4P 規劃、產品寬廣度發展規劃、年度銷售目標研擬等。

營業銷售：經銷商團隊組建、公司產品銷售、公司銷售政策執行等。

銷售管理：銷售訂單管理、銷售貨款回收管理、儲運配送管理等。

常見的行銷組織部門名稱：

行銷企劃職能類：行銷企劃部／企劃部／市場部／商品部／產品企劃部／銷售推廣部／廣告部／品牌管理部等。

營業銷售職能類：營銷中心／營銷事業部／營業部／銷售部／業務部等。

銷售管理職能類：銷售管理部／營業管理部／儲運部等。

圖 1-7　行銷管理循環（Marketing Plan-Do-See Cycle）

Chapter

2

產品設計發展基本概念

2.1 新產品發展失敗原因調查

　　新產品發展是一項複雜的系統工程。翻閱行銷管理書籍，書本中往往告訴我們，新產品上市的失敗案例遠遠多於成功案例。產品企劃經理人在設計發展新產品時候應該要特別慎重。

　　許士軍博士編著的《現代行銷管理》（許士軍，1986），在新產品發展章節之中，有一段資料現在看來感覺還是很值得參考，特別摘錄在此與讀者分享。

　　美國國家工業會議局（National Industrial Conference）為瞭解新產品失敗率為何如此之高的原因，曾對當時八十七家被公認為對於發展新產品最有辦法的企業進行調查。後來調查歸納失敗原因主要有以下八點：

1. 由於市場分析錯誤或不當
   例如：對市場需求估計錯誤，對消費者之購買動機及消費習性未能確實把握，產品特色無法吸引消費者。
2. 由於產品本身的缺陷
   例如：不耐用、不美觀、品質不高。
3. 由於成本估計錯誤，實際成本超出預算甚多，以致影響價格及銷售量。
4. 未能把握適當上市時機，產品上市時間過遲，錯過好的上市時機。
5. 由於市場競爭激烈，無法立足市場。
6. 由於推銷力量不足以支持新產品上市。
7. 由於銷售人員不力，或沒有工作方法，或沒有工作激情。
8. 由於通路管道選擇不當，經銷商及零售商未能充分配合公司政策。

2.2 消費系統觀念

　　一般來說產品屬性設計規劃，必需考慮消費群體的消費需求，亦即必需考慮消費者的「消費系統觀念」。

　　消費者的消費系統觀念又是什麼觀念？簡單的來說就是，消費者為何要購買此類產品？消費者購買此類產品是想滿足什麼需求？消費者認為此類產品應具備哪些基本的產品屬性？哪些產品屬性是消費者在購買此類產品時候

會特別重視的產品屬性？

2.3 產品屬性設計概念

銷售是透過產品與消費者溝通，再經由產品銷售產生銷售業績。所以在產品設計階段就需要考慮未來產品上市後的兩大類基本思維問題，是否滿足目標消費群體的消費需求以及產品是否具備市場競爭能力。

產品在通路上的競爭本質是「產品屬性」與「通路價格」的競爭。遵循產品市場導向概念，產品企劃經理人在產品設計階段必需注意下列基本事項：

1. 產品期望滿足消費者什麼需求？產品需要具備哪些產品屬性？
2. 消費者在選購此類產品時候會特別關注哪些產品屬性？
3. 產品屬性與主要競爭品牌產品的產品屬性比較，是否有特色？是否有競爭力？
4. 產品生產成本是否得當？公司與經銷商以及零售末端是否都有合理的銷售利潤？產品零售價格是否有市場競爭力？

案例：某家食品企業計畫研發生產一款穀物沖調飲，產品企劃經理人研擬規劃該項新產品的產品屬性設計概念，如圖 2-1。

新產品屬性以「營養健康」為核心價值，同時提出了九項重要的產品屬性：穀類營養、含豐富蛋白質、低脂高纖、有顆粒、包裝時髦、早餐佐餐皆宜、美味好喝、有飽足感、沖泡方便。

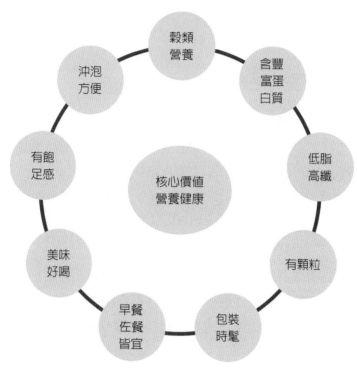

圖 2-1 新產品屬性設計概念：案例

2.4 產品屬性與生產成本

2.4.1 產品屬性規劃

產品屬性規劃應該要有市場競爭導向概念，不要盲目追求超高水準的產品屬性。否則，企業可能製造出全世界產品屬性最好的產品，但是卻因為生產成本過高，導致產品通路價格沒有競爭力，銷售狀況反而無法達到預期的銷售目標。

產品屬性規劃需要考慮幾項基本市場因素：

1. 目標消費群體的消費系統觀念認知，產品應該具備哪些產品屬性。
2. 瞭解主要競爭品牌產品的產品屬性，瞭解市場產品屬性的競爭狀況。
3. 發掘未滿足目標消費群體的產品屬性，提升產品上市後的市場競爭力。

2.4.2　試算產品生產成本

- 產品屬性初步研擬規劃定案後，需要先行預估產品生產成本。
- 先依據產品材料明細表：B.O.M. 表，初步估算直接材料成本。
- 產品材料明細表：B.O.M. 表，如附件 2-1。
- 產品生產成本構成組合，如圖 2-2。
- 再以直接材料成本推估生產成本。

直接材料成本		直接人工成本	製造費用
原物料成本	包裝材料成本		

圖 2-2　產品生產成本構成組合

2.5 生產成本與通路盤價

2.5.1 試算產品通路盤價

　　預估產品生產成本之後，試算產品經銷商進出價格以及銷售末端零售價格。

- 產品通路盤價一般以三階通路價格體系爲主。
- 三階通路價格體系要特別注意確保經銷商與銷售末端的銷售利潤行情。
- 三階通路價格體系表，如附件 2-2。依據三階通路價格體系表初步估算：

1. 公司定價要求毛利 40%，經銷商銷售利潤行情 25%，銷售末端利潤行情 30%。
2. 初步估算，公司品牌，XX-11 品項，產品成本 100，零售價格爲 319。
3. 如果競爭品牌，Y-22 品項的零售價格爲 300。
4. 如果公司品牌，XX-11 品項以 300 訂爲零售價格，則在不影響經銷商與銷售末端的銷售利潤行情之下，有下列 I 或 II 兩種狀況，I：公司利潤只有 37%，或 II：將公司產品成本降爲 95。

2.5.2 高成本產品定價策略

在試算三階通路價格體系時候，可能會出現下列兩種狀況：

1. 產品在確保公司定價毛利要求，以及確保經銷商與銷售末端的銷售利潤行情之下，發現產品銷售末端零售價格沒有市場競爭力。
2. 確保產品銷售末端零售價格的市場競爭力，同時確保經銷商與銷售末端的銷售利潤行情之下，發現產品無法達到公司的產品銷售利潤規定。

以市場競爭導向定價，產品通路定價無法達到公司產品定價利潤要求，其中的原因狀況可能並不一定只是「產品成本較高」的情況所導致，有時候可能還有其他的管理思維考慮，我們將在第六章高成本產品通路定價策略章節中，進一步的討論其應對處理方法。

2.5.3 分析產品屬性與零售價格的競爭力

選擇產品上市後的主要競爭品牌產品品項，分析比較產品屬性以及銷售末端零售價格的競爭狀況。同時需要考慮消費者對公司品牌的知名度與美譽度之認知程度，亦即考慮公司品牌在消費者心中的品牌強度。

產品重要屬性與零售價格比較表，如附件 2-3。

產品重要屬性與零售價格比較表說明：

1. 列舉產品重要屬性做比較。
2. 克重單價的概念，因為不同品牌產品的包裝克重可能不一樣，換成克重單價就會有相同的比較標準。

克重單價＝產品零售價／產品包裝克重

3. 11 等分的品牌強度標示

使用 11 等分的品牌強度標示，較容易顯示彼此品牌強度的差異。

   • 以 11 等分法表示，1.2. - 3.4.5. - 6. - 7.8.9. - 10.11.。
   • 以 6 為中間值，11 為最高值，1 為最低值。

2.6 價值創新概念

　　所謂價值創新概念，我們可以這樣理解，在滿足消費者對產品屬性的需求狀況下，在成本結構與客戶價值兩項因素交集中，同時追求產品差異化以及降低產品成本，提煉出有品質競爭力以及有價格競爭力的好產品。

　　在這裡也必須提醒，概念架構只是提供一個思考邏輯方向，在實際應用的時候，必須依託企業的資源支援，不是每項產品都可以有機會做得到的。

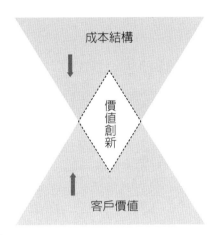

圖 2-3 價值創新概念

2.7 四項行動架構概念

　　所謂四項行動架構概念，我們可以這樣理解，行銷組合規劃可以利用「提升」、「降低」、「創造」、「減少」等四項原則，研擬規劃一個更具有差異性、更具有競爭性的行銷組合。

- 提升：哪些因素需要提升到高於產業標準？
- 降低：哪些因素可以降低到低於產業標準？
- 創造：創造產業沒有使用過的因素？
- 減少：產業使用的哪些因素可以減少或消除？

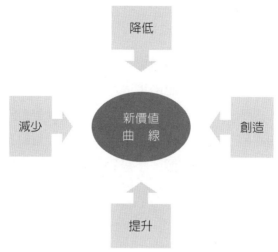

圖 2-4 四項行動架構

2.8 產品屬性的改良精進

從產品定義上來說，產品實質內容變更、產品形狀變更、新的產品口味品項、產品包裝重量改變、產品包裝形式改變、產品包裝材料改變、包裝設計變更，以上種種改變後的產品，理論上都算是新產品。

產品屬性改良案例說明：

1. 產品實質內容改變：飲品類

果汁飲品增加果粒，燕麥牛奶飲品增加燕麥固形物，創造產品內容的差異性。

2. 產品形狀變更：巧克力類

增加圓型巧克力球，增加動物形狀巧克力，多樣產品形狀提升購買喜好選擇。

3. 增加產品口味品項：穀物沖調飲品類

增加海鮮味與香蔥味系列產品，口味多樣化提升購買喜好選擇。

4. 改變產品包裝重量：瓜子產品類

• 450 公克包裝改為 260 公克包裝，降低包裝單價，促進消費者在銷售末端嘗試購買意願。

• 增加 600 公克的家庭號包裝，降低克重單價，告知更便宜的性價比資訊。

5. 產品包裝形式改變：方便麵（泡麵）類

方便麵增加三聯包裝產品，降低克重單價，告知更便宜的性價比資訊。

6. 產品包裝材料改變：豆腐乾產品類

紙質包裝材料變更為鍍鋁膜材質包材，提升產品保質條件，提升產品價值感。

7. 包裝設計變更：一般產品

產品包裝迭代更新重新設計，告知消費者產品升級的資訊。

2.9 滯銷產品的處理原則

2.9.1 產品屬性改良模式

滯銷產品採用產品屬性改良精進模式，產品改良就進入新產品發展程序。

2.9.2 改變生產供貨模式

分析滯銷品的銷售狀況，如果有下列狀況，說明這些產品在某些區域還有一定的銷售數量，在這些區域還不算是滯銷品。

1. 產品每月還有固定金額的銷售數量，銷售數量較集中在幾家區域經銷商。
2. 產品品項占該區域經銷商出貨金額有一定的百分比。

2.9.3 滯銷品改變生產供貨模式

如果生產線可以支持少量多樣的生產模式，可以先行採用訂單生產模式，不做常態庫存生產，滯銷品暫時不做淘汰處理。滯銷品改為訂單生產模式，營業銷售單位必需先在公司內部演練一套對外的「銷售說法」，訂單作

業模式一定要先與經銷商溝通並取得支持。滯銷品改變為訂單生產模式說明如下：

1. 研擬規劃產品新生產模式

    例如：每兩個月生產一次，每次生產批量 5,000 箱。

2. 研擬規劃出貨辦法

    例如：每家經銷商最低出貨數量？訂單應該先付多少訂金？出貨給予多少折扣？

3. 生產前，銷售業務與經銷商溝通出貨訂單數量收取訂金，工廠依訂單數量生產，生產完成後全數出貨不留庫存。

4. 滯銷品改為訂單生產模式，如果有下列狀況，應該考慮是否繼續實行

• 每月總訂單數量逐漸減少，或開始低於原設定的每次生產批量。

• 需要採購專用原料，或專用包裝材料，而且一次性的採購金額較大。

2.9.4 採用淘汰處理模式

    產品淘汰處理，必需考慮庫存產品以及庫存包裝材料的處理問題。

1. 清查產品的包裝材料庫存，列出庫存包裝材料的料號、數量與金額。
2. 清查產品專用原料、物料、輔料的庫存數量與金額。
3. 清查倉庫的產品庫存數量與金額。
4. 調查經銷商的產品庫存數量與金額。
5. 預估公司該批產品庫存數量的正常銷售時間。
6. 研擬包裝材料、專用原物料的庫存數量以及處理模式。

附件

1. 附件 2-1，產品材料明細表：B.O.M. 表。
2. 附件 2-2，三階通路價格體系表。
3. 附件 2-3，產品重要屬性與零售價格比較表。

附件

附件 2-1　產品材料明細表：B.O.M. 表

材料明細表編號				批次最小生產數量			
產品名稱				編制單位			
產品編號				編制時間			
材料分類	材料料號	材料名稱	數量	單價	金額	供貨廠商	備註說明
原物料　1							
2							
3							
原物料金額小計（A）							
包裝材料　1							
2							
3							
包裝材料金額小計（B）							
產品材料金額合計（A + B）							

附件 2-2　三階通路價格體系表

品牌廠商	品牌名稱	品項型號	品牌廠商（利潤 40%）			經銷商（利潤 25%）			銷售末端（利潤 30%）		
			產品成本 A	出廠價格 B	銷售利潤 X	進價 B	出價 C	銷售利潤 Y	進價 C	零售價格 D	銷售利潤 Z
X- 公司品牌		XX-11	100	167	40%	167	223	25%	223	319	30%
	Ⅰ		100	158	37%	158	210	25%	210	300	30%
	Ⅱ		95	158	40%						
Y- 競爭品牌		Y-22								300	
初步估算											

1. 公司品牌，XX-11 品項，A=100, B=100/(1-0.4)≈167, C=167/(1-0.25)≈223, D=223/(1-0.3)≈319。

2. 競爭廠商，Y-22 品項的零售價格為 300。

3. 如果公司品牌，XX-11 品項要以 300 訂為零售價格，則在不影響經銷商與銷售末端的利潤行情之下，Ⅰ：公司利潤降為 37%，或Ⅱ：公司產品成本降為 95。

附件 2-3　產品重要屬性與零售價格比較表

	產品重要屬性	品牌	A 品牌	B 品牌	備註說明
		型號			
1					
2					
3					
…					
7					
8	克重單價（產品零售價／產品包裝克重）				
9	品牌強度				
品牌強度表示法說明					
1. 以 11 等分法表示：1.2.-3.4.5.-6.-7.8.9.-10.11.。					
2. 以 6 為中間值，11 為最高值，1 為最低值。					

行銷資訊頻道

行銷名詞淺說

一、行銷（Marketing）

企業解決供需配合問題所採用的種種活動。

供，我們可以看作，企業的各項行銷活動。

需，我們可以看作，市場需求或消費者需求。

二、行銷管理（Marketing Management）

行銷企劃，研擬規劃種種行銷活動的工作，稱之為行銷企劃。

行銷管理，行銷企劃者為達成其行銷目的，研擬規劃種種的行銷活動，對行銷活動執行之管理，稱之為行銷管理。

三、生產導向（Production-oriented）

企業以生產為中心，一切活動都要配合生產部門與工程部門的需要。

例如：增加生產製造產量、提高產品品質、降低生產製造成本等。

在此觀念下，相信只要產品好，不愁沒有買主，所需要的行銷功能，只是程式性質的銷售工作而已。

對行銷有一種觀念，行銷就是把現有生產的產品賣出去。

四、銷售導向（Sales-oriented）

在此觀念下，並不認為產品可以憑著本身品質或價格即可銷售出去，銷售產品還要靠種種積極的推廣活動。

對行銷有一種觀念，只要推銷力度夠大，銷售手段方法高明，即使是次等產品一樣可以高價賣出的概念。

五、市場導向（Market-oriented）

市場導向是相對於生產導向的觀念而言。

市場導向著眼於消費者需求的滿足，從而發展足以滿足消費者需求的產品。

行銷不應該始於生產之後，而應該是始於生產之前對消費者需求的發掘。

我們可以理解為，在產品研發階段就要考慮未來產品的市場競爭能力。

六、產品屬性（Product Attributes）

　　我們可以有兩種解讀：

1. 生產廠商想透過產品滿足消費者的產品特色。

2. 消費者選擇或購買產品時會特別注意的產品特色。

　　這些特色可以區分為，實體屬性與心理知覺兩大類別。

　　實體屬性：大小、形狀、重量、成分、顏色、性能、包裝形式等。

　　心理知覺：身分表彰、奢華、濃烈、流行、保守、使用方便等。

Chapter

3

新產品發展程序作業管制

3.1 新產品需求原因分析

• 企業爲何需要發展新產品？

• 哪些部門有新產品的需求？

• 部門需求新產品的原因理由是什麼？

我們整理了一張部門需求新產品原因分析，如表 3-1。

表 3-1　部門需求新產品原因分析

需求部門	需求原因
總經理	保持市場領先地位的需求；追趕市場領先品牌的需求；營業銷售的需求。
行銷企劃	營業銷售的需求；平衡淡旺季營收的需求；產品迭代更新的需求；產品線寬廣度管理的需求；降低成本提升利潤的需求；來自經銷商的通路需求；來自競爭品牌的競爭需求；來自消費者的市場需求；來自總經理指示的需求。
營業銷售	營業銷售的需求；來自經銷商的通路需求；來自競爭品牌的競爭需求；來自消費者的市場需求。
產品研發	本身部門職掌責任的工作需求；來自新材料、新技術、新設備的精進需求；來自行銷企劃單位的需求；來自營業銷售單位的需求；來自總經理指示的需求。

3.2 新產品發展程序管制概念

3.2.1 新產品發展程序

一般所謂的新產品研發指的是研發部門對一項新產品的研發工作內容事項。

新產品發展程序強調的是，新產品研發不是某一個部門的工作職責，公司一項新產品的研發（開發），從新產品的需求提出開始，到新產品需要具備哪些產品屬性，到新產品是否有研發技術瓶頸障礙，到新產品上線生產完成，整個作業流程關聯到許多部門，所以稱之爲新產品發展程序，用以區別以往的產品研發概念。

3.2.2 新產品發展是複雜的系統工程

新產品發展不是某一個部門的工作職責。新產品發展關聯到行銷企劃、產品企劃、包裝設計、營業銷售、產品研發、原物料採購、生產製造、品質保證以及成本會計等相關部門。

產品企劃經理人在新產品發展程序中應該扮演牽頭的角色。新產品上市成功機率本來就偏低，而且發展程序關聯到許多部門，產品經理人應該研擬規劃一套能夠貫穿各部門的新產品發展程序作業流程，規範與協調各部門之間的工作配合，發揮群策群力的組織力量，提升新產品上市的成功機率。

從產品定義上來說，產品實質內容改變、產品形狀改變、新口味產品品項、產品包裝重量改變、產品包裝形式改變、產品包裝材料改變以及產品包裝設計變更等，以上種種改變後的產品，理論上都算是新產品。

新產品發展程序作業流程管制應該側重在新品類或新品項的研發。其他的例如：新口味、新包裝、包裝材料變更、包裝重量變更等，可以簡化產品發展程序作業流程，或者不納入新產品發展程序作業流程的程序管制，以減少部門之間的溝通與工作負擔。

3.2.3 公司資源有限概念

各部門對新產品各有其不同的需求原因與急迫性，但是企業的人力、物力與財力畢竟有限，所以，新產品研發專案在進入正式發展程序之前，必需要有事先核准立項的程序管控。

作者個人曾任職一家食品公司總經理特別助理職務，職務兼管三家生產工廠。三家生產工廠組織編制各有一個研發部門，總公司每月有一次研發部門會議。生產工廠研發部門各自規劃新產品研發項目，於每月的研發會議中提出新產品項目研發進度報告。研發部門會議時常會有下列問題發生：

- 新產品研發項目比較缺少有關產品屬性與生產成本等相關事項的思維考量。

- 可能基於某些因素考量，研發單位總是習慣先行自己投入研發，等到研發項目有一定進度後，再於會議中提出。但是如果會議中不被採用（大部分不被採用），其實已經浪費了許多研發投入時間與資源。

　　新產品專案在研發階段就必需考慮未來上市之後的消費者需求與市場競爭狀況，如果未能具備此兩項市場條件，就應該中止研發，節省企業有限的資源。所以在公司資源有限概念之下，新產品發展程序管制重點有三：

1. 新產品專案必需要有事先核准立項的程序管控。
2. 研擬規劃的新產品屬性必需考慮是否符合消費者需求。
3. 研擬規劃的新產品必需具備產品屬性與通路價格兩項市場競爭力。

3.3 新產品發展程序作業管制：案例分享

　　新產品發展程序作業管制，附件 3-1（附件 3-1-1、附件 3-1-2）。

　　每家企業的部門名稱與部門工作職掌可能都不盡相同，不同企業對新產品發展的管理模式也不盡相同，新產品發展程序作業管制，附件 3-1，提供一個新產品發展程序作業管制的架構模式，包含程序作業階段劃分以及各程序作業階段表列的重點工作事項，提供產品企劃經理人研擬規劃參考。在實際操作使用時候，產品企劃經理人必需依據自家公司狀況自行調整修改之後再行使用。

　　企業或許應該成立跨部門的新產品發展委員會，委員會由總經理擔任委員長，相關部門經理為當然委員會成員。委員會組織編制執行長一人，負責跨部門事務的協調溝通以及部門工作進度管控。執行長由行銷企劃經理或產品企劃經理擔任最為恰當，新產品發展工作進度由執行長直接向總經理匯報。

3.4 新產品發展程序作業管制：案例說明

　　新產品發展程序作業管制，附件 3-1（附件 3-1-1、附件 3-1-2）。

- 程序作業分為 D1～D9 等九個階段。附件 3-1-1，包含 D1～D4；附件 3-1-2，包含 D5～D9。
- D1 與 D2 由委員會召開會議。
- D3～D8 由相關部門牽頭召開。
- D9 為新產品開發資料建檔儲存。

D1 階段：新產品概念研討

新產品開發申請單：A 表，如附件 3-2。

附件 3-2，提供一個新產品開發申請單的參考樣本。各家公司在開發新產品時候需要的資訊內容應該都不盡相同，所以必需依據自家狀況調整修改後使用。

- 各單位有新產品開發需求時候，填寫新產品開發申請單：A 表，提交委員會。
- 第一次新產品發展研討會的核心重點工作為新產品開發申請的選擇與審核。
- 通過的申請單：A 表，程序流程進入 D2。
- 沒通過的申請案結束程序流程，與會委員在 A 表上簽字，A 表由委員會留存。
- 委員會應該明確規定 D1 會議召開模式，固定多久時間召開會議一次，或接到多少申請單—A 表之後召開會議一次。

D2 階段：新產品開發立項核准

新產品開發立項書：B 表，如附件 3-3。

通過的 A 表提案，委員會召開該項新產品的第二次新產品發展研討會。

第二次研討會核心重點工作在於新產品開發可行性初步分析報告。

1. 行銷單位：新產品市場需求可行性初步分析報告。
2. 研發單位：新產品研發技術可行性初步分析報告。
3. 生產單位：新產品生產設備可行性初步分析報告。
4. 採購單位：新產品原物料採購價格初步分析報告。

第二次研討會通過開發專案新產品，會後由執行長填寫新產品開發立項書：B 表，呈總經理立項核准。

開發立項核准後，行銷單位 D3 與研發單位 D4 的兩階段程式同時啟動。

如果第二次研討會否決開發此專案新產品，則各委員在 A 表各自填寫正反意見，A 表經呈總經理批示否決定案之後，由委員會保留存檔。

D3 階段：新產品市場競爭力分析

D3 階段的核心重點工作有四項：

1. 新產品的屬性設計規劃提出。
2. 生產成本預估與通路價格試算。
3. 產品品項的期望生產成本提出。
4. 行銷單位提出新產品是否繼續開發的評估建議。

D3 階段，第三次新產品發展研討會由行銷單位牽頭召開。其間需要跨部門溝通的協調會議，依議題內容由各自工作單位牽頭召開。

D3 階段，如果行銷單位發覺在產品屬性與生產成本等兩項主要市場競爭因素，有重大無法突破問題，則可以在第三次新產品發展研討會中提出停止開發此項產品的建議。經委員會同意後呈總經理核准，正式停止新產品專案開發，亦可提出委外貼牌生產建議。

D4 階段：新產品樣品研發試做

D4 階段的核心重點工作有五項：

1. 新產品用料表提出。
2. 新產品研發試做樣品提出。
3. 生產技術瓶頸問題提出。
4. 新產品自行生產或者委外生產評估建議。
5. 新產品是否繼續開發的評估建議。

D4 階段，第四次新產品發展研討會由研發單位牽頭召開。其間需要跨部門溝通的協調會議，依議題內容由各自工作單位牽頭召開。

D4 階段，如果研發單位發覺新產品在生產技術方面存在瓶頸問題無法突破，則可以在第四次新產品發展研討會中提出停止開發此專案產品的建議。經委員會同意後呈總經理核准，正式停止新產品專案開發。

研發單位綜合研發、採購、生產、品保等各項因素考慮，亦可提出新產品委外生產評估建議。

D5、D6 與 D8 等階段

第三次與第四次新產品發展研討會後,進一步明確新產品的開發立項。

D5、D6 與 D8 依程式展開階段工作。

D7 階段:新產品委外生產協作規劃

D7 階段的核心重點工作有二項:

1. OEM(或 ODM)工廠的評估與選擇條件規劃。

2. OEM(或 ODM)工廠的產品品質保證規劃。

在此二項核心重點工作事項之下,相關單位展開各自單位的職掌工作。

1. 研發單位(案例參考)
- 委外生產建議專案提出。
- OEM 工廠協作模式提出:代料、代工、代包材等。
- OEM 工廠評估與選擇條件的模式提出。
- 主導 OEM 工廠的評估選擇與協作簽訂。

2. 採購單位(案例參考)
- 原物料供應商與價格的審核確認(代料)。
- 包材配合工廠與價格的審核確認(代包材)。
- 委外採購合同簽訂。

3. 品保單位(案例參考)

OEM 工廠的 IPQC、WIPQC 與 QA 作業等執行模式提出。

4. 生產單位(案例參考)

參與 OEM 工廠的選擇與評估作業(生產設備與產能)。

5. 行銷單位(案例參考)

參與 OEM 工廠的選擇與評估作業(品質、價格與產能)。

6. 成本單位(案例參考)

預估生產成本修訂(委外成本)。

D9 階段：新產品開發資料蒐集建檔

新產品開發資料，各職能單位需要將各自單位資料建檔，建檔資料列為移交專案。

研發單位需要建檔一份完整新產品開發資料，同時應該明確規定蒐集與保管單位，建檔資料列為移交專案。

附件

1. 附件 3-1-1，新產品發展程序作業管制（D1 ～ D4）。
2. 附件 3-1-2，新產品發展程序作業管制（D5 ～ D9）。
3. 附件 3-2，新產品開發申請單：A 表。
4. 附件 3-3，新產品開發立項書：B 表。

附件

附件 3-1-1　新產品發展程序作業管制（D1～D4）

事案名稱	D1	D2	D3	D4
階段代號	D1	D2	D3	D4
主要牽頭單位	委員會	委員會	行銷單位	研發單位
階段主題	新產品概念研討	新產品可行性分析與研討	新產品市場競爭力分析與規劃	新產品樣品研發試做
管理設計	提案申請單號	提案申請單號	立項書單號	立項書單號
管理設計	1. 新產品開發申請單提出 2. 第一次新產品發展研討會	1. 新產品開發申請單提出 2. 第二次新產品發展研討會	1. 新產品市場競爭力分析與規劃 2. 第三次新產品發展研討會	1. 新產品樣品提出與工藝操作標準提出 2. 第四次新產品發展研討會
重點工作	1. 新產品概念介紹 2. 新產品開發目的的報告 核心重點開發工作 1. 新產品開發申請通過 2. 新產品開發申請否決	1. 新產品市場可行性初步分析報告 2. 新產品研發可行性初步分析報告 3. 新產品生產可行性初步分析報告 4. 新產品原物料採購初步分析報告 核心重點立項工作 1. 新產品開發立項核准 2. 新產品開發立項否決	1. 產品定位與產品屬性設計研擬規劃 2. 產品規格、包裝形式之研擬規劃 3. 產品成分與口味等產品屬性與研發做最終決定 4. 原物料的品質與價格與採購做最終決定 5. 包裝材質研發、採購做最終選定 6. 生產成本預估與通路價格體系計算 7. 新產品口味的期望與生產成本提出 8. 消費者產品口味測試 9. 經銷商產品口味測試 10. 依據口味測試結果與成本投入預估分析，與相關單位就新產品的品質做調整與修正 核心重點設計規劃 1. 新產品的屬性設計規劃 2. 生產成本預估與通路價格體系計算 3. 產品口味的期望與生產成本提出 4. 新產品是否繼續開發的評估建議	1. 產品成分與口味等產品屬性與行銷最終決定 2. 試做做樣品及樣品測試報告提出 3. 新產品用料表提出 4. 產品原物料採購規格標準提出 5. 新產品原料操作流程條件設定提出 6. 新產品生產製造流程提出 7. 生產技術瓶頸問題提出 8. 生產需增加的機器設備需求選定 9. 與行銷、採購就包裝材質做最終選定 10. 預估產品直接材料成本 11. 依據口味測試結果與成本投入預估分析，與相關單位就新產品的品質做調整與修正 12. 新產品自行生產或委外生產評估工作 核心重點工作 1. 新產品研發試做做樣品提出 2. 生產技術瓶頸問題提出 3. 新產品自行生產或委外生產評估的評估建議 4. 新產品是否繼續開發的評估建議
主辦／參加單位	委員會／行銷、研發、提案單位	委員會／行銷、研發、生產、採購	行銷／研發、生產、採購、成會	研發、行銷、採購、生產、成會
核准許可權	總經理	總經理	總經理	總經理
階段開始日				
階段完成日				

備註說明：1. 新產品開發申請單 A 表。2. 新產品開發立項書 B 表。3. 需要內部或跨部門溝通的事物，由各單位主動召開。4. 溝通研討報告表單由各單位自行設計規劃。5. 新產品開發資料，請各職能單位要建檔，列為移交文事案。6. 新產品研發資料、產品研發單位委員會員會當負責當整資料一份完整資料。

附件 3-1-2 新產品發展程序/作業管制（D5~D9）

專案名稱	立項啟動時間				
階段代號	D5	D6	D7	D8	D9
主要負責單位	包裝設計單位	採購單位／品保單位／生產單位	研發單位	生產單位	研發單位
階段主題	新產品包裝設計製作	新產品上線試產前的準備檢核	新產品委外生產協作規劃	新產品小批量試產種	新產品開發資料建檔歸檔
管理設計	新產品包裝設計 1. 新產品包裝設計 2. 新產品包裝材質選定	新產品上線試產前的準備檢核 1. 原料供應與採購價格確定 2. 生產條件設定與生產品質 QA 作業確定	新產品委外生產協作規劃 1. OEM 工廠的評估與選擇協作規劃 2. OEM 工廠的產品質保證規劃	新產品上線試產種規劃 1. 新產品的評估與樣品提出 2. 生產條件與 QA 作業之調整與確認	新產品開發資料建檔歸檔
重點工作	1. 新產品使用品牌 LOGO 確定 2. 新產品實體等包裝文案選定 3. 新產品包裝設計選題提出 4. 新產品包裝設計元素準備（產品實物拍照、修圖） 5. 新產品包裝設計草案提出與研討精進修改 6. 新產品包裝體設計創意最終決定 7. 與廠商就材質、顏色、工藝互動研討並最終確定 8. 與印刷廠商就效果互動研討並最終確定（顏色、印刷效果等） 9. 新產品、印刷廠就生產機器研討討包材的生產定制尺寸 10. 新產品整體包裝設計製作完成 核心重點工作 1. 新產品包裝設計製作 2. 新產品包裝材質選定	一、採購單位 1. 原料供應商、價格、交期、訂購量的確定 2. 物料包材供應商、供貨價格的確定 二、品保單位 1. 新原物料入廠 IPQC 作業提出 2. 新產品生產 WIPQC 作業提出 3. 新產品產品入庫 QA 作業提出 4. 相關生產前需認證的申請作業執行 三、生產單位 1. 生產流程人機配置模式提出 2. 生產器員操作條件設定提出 3. 生產人員需求提出 4. 生產輔助器員需求提出 5. 生產量預估提出 核心重點工作 新產品上線試產前的準備檢核	新產品委外生產協作規劃 1. OEM 工廠的評估與選擇條件規劃 2. OEM 工廠的產品質保證規劃 一、研發單位 1. 委外生產建議專案提出 2. OEM 工廠協作模式提出：代工、代料/代材等 3. OEM 工廠評估選擇條件的模式提出 4. 主導 OEM 工廠的評估選擇與協作簽約 二、採購單位：代料/代包材 1. 原物料供應商與價格的審核確認（代料/代包材） 2. 包材配合 OEM 工廠與價格的審核確認（代料/代包材） 3. 委外採購合同簽訂 三、品保單位 OEM 工廠的 IPQC、WIPQC 與 QA 作業等執行模式提出 四、生產單位 參與 OEM 工廠的選擇與評估作業（生產設備與產能） 五、行銷單位 參與 OEM 工廠的選擇與評估作業（品質、OEM 工廠的價格審核） 六、成本會計單位 預估生產成本核行（委外成本）	1. 新產品上線與試產條件提出 2. 生產條件與上線試產樣品確認 1. 新產品上線試產樣品提出 1. 上線新品測品報告提出 2. 試產後的生產條件調整與確認 3. 試產後的生產條件 WIPQC 作業調整與確認 4. 試產後的產品的評估選擇與協作確認 5. 試產後的產品入庫 QA 作業調整與確認 6. 試產後的生產成本預估與調整做修訂 核心重點工作 1. 核心重點工作 2. 新產品上線試產成本最終預估	新產品開發資料建檔歸行 新產品開發資料建檔 新產品開發資料彙集建檔
主辦/參加單位/參加許權	生產／研發／行銷／品保／生產／採購	生產／研發／行銷／品保／成會	研發／生產／品保／採購／行銷／成會	生產／研發／品保／行銷／成會	委員會／研發／行銷／生產／成會／採購、品保、成會
核准許可權	總經理	總經理	總經理	總經理	總經理
階段開始日					
階段完成日					
備註說明					

附件 3-2　新產品開發申請單：A 表

提案申請單號		提案申請時間	
提案申請單位		提案人姓名	
需求產品名稱			
需求產品描述			
產品開發目的描述			
其他附件描述	需求概念來源：□自行構思□產品線延伸□競爭品牌□新原料		
	產品附件：新原料描述／產品線描述／市場競爭描述／照片等附件		

提案申請單號填寫法：1. 四段七碼編法：12-34-56-7。

2. 第 1、2 兩碼代表單位，例如：CM 董事長，SM 行銷，RD 研發，WH 委員會。

3. 第 3、4 兩碼代表年分，例如：20 代表 2020 年。

4. 第 5、6 兩碼代表月分，例如：05 代表 5 月分。

5. 第 7 碼代表該月分提出的第幾個提案，例如：2 代表該月分提出的第二個提案。

6. 說明 CM-20-O5-1：董事長於 2020 年 5 月分提出的第一個申請單。

附件 3-3　新產品開發立項書：B 表

開發立項書 單號	（項）字第　　　號			原提案申請 單號			
開發立項 時間				預計完成 時間			
產品名稱							
產品描述	樣式／規格／口味／包裝／g重／特色						
產品／品牌 配套							
期望通路 價格	公司			經銷商 （預估毛利潤 20%）		銷售末端 （預估毛利潤 20%）	
	生產成本 A	出廠價 B	銷售毛利 預估 %	進價 B	出價 C	進價 C	售價 D
其他說明							

提案人	委員會成員同意	核准

開發立項書單號寫法：1. 四段五碼編法：（項）字第 12-34-5。

　　　　　　　　　　2.（項）字：（項）字代表新產品開發立項書專用。

　　　　　　　　　　3. 第 1、2 兩碼代表年分，例如：20 代表 2020 年。

　　　　　　　　　　4. 第 3、4 兩碼代表月分，例如：06 代表 6 月分。

　　　　　　　　　　5. 第 5 碼代表該月分核准的第幾個立項提案，例如：2 代表該月分核准的第二個提案立項。

行銷資訊頻道

一、新產品企劃書重要內容事項（參考）

1. 行業內該品類產品的產品屬性潮流趨勢分析描述。

2. 行業內不同產品屬性的產品銷售狀況分析描述。

3. 經銷商與消費者對該產品屬性以及產品價格的意見調查。

4. 產品的市場定位研擬規劃

   (1) 目標市場描述。

   (2) 產品屬性定位描述。

   (3) 產品包裝設計描述。

   (4) 產品線內品項競爭狀況描述。

   (5) 預估產品通路價格。

   (6) 預估產品銷售數量。

   (7) 其他相關行銷事項。

二、新產品上市基本作業項目規劃（參考）

1. 產品上市時間與區域擬定。

2. 產品市場拓展通路規劃擬定。

3. 產品上市品項與通路盤價擬定。

4. 產品上市品項銷售目標擬定。

5. 產品出貨辦法擬定（出貨批量、貨款收取方法）。

6. 產品上市促銷辦法研擬規劃。

7. 產品製造成本預估（對內資料）。

8. 產品銷售毛利預估（對內資料）。

9. 其他相關行銷作業規劃。

Chapter

4

經銷代理國外品牌產品

4.1 代理國外產品的行銷策略思維

4.1.1 跨越現有產品線的寬廣度發展

品牌產品的發展順序,一般先朝向產品深度發展,再朝向產品寬廣度發展。

產品朝向寬廣度發展時候,可能會遇到研發技術、生產設備、供應鏈、經銷通路等方面的條件約束。例如:生產豆腐乾、瓜子類、花生類等產品的廠商,想要生產燕麥堅果沖調飲品銷售;生產巧克力餅乾產品的廠商,想要生產果汁類產品銷售。以上兩個例子,在經銷通路方面可能問題不大,但是可能會遭遇到研發技術以及生產設備等相關生產問題。所以,選擇有市場競爭能力,有銷售利潤的優質國外品牌產品經銷代理,跨越企業現有研發技術與生產設備等條件約束,是產品線寬廣度發展可以考慮的行銷策略選項。

4.1.2 強化通路競爭力提升銷售業績

產品是銷售業績的來源,也是銷售利潤的來源。企業希望擁有通路拳頭產品,經銷商也希望經銷代理暢銷的通路爆品。擁有市場暢銷的品牌產品,是企業維繫經銷商向心力的關鍵因素之一。所以,選擇具有市場競爭力以及銷售利潤的國外優質品牌產品代理,是提升公司業績以及強化經銷商對企業向心力,可以考慮的行銷策略選項。

4.2 代理前的行銷分析評估

代理國外品牌產品之前,行銷企劃經理人至少要做出三項行銷分析評估,提供企業高層作為是否代理該國外品牌產品的決策參考。

1. 產品市場投入可行性分析評估。
2. 代理合同內容條款的分析評估。
3. 提出代理品牌產品的建議事項。

4.2.1 產品市場投入可行性分析評估

1. 產品屬性是否能夠被市場消費者接受？對消費者是否有足夠的吸引力？

2. 品類產品的市場銷售潛力夠不夠大？是否值得投入市場拓展？

3. 產品屬性與國內品牌相同品類產品屬性分析比較，產品屬性有沒有特色？產品屬性有沒有競爭力？

4. 預估產品進口成本與試算通路價格，評估產品通路價格有沒有競爭力？

5. 消費者對該品類產品屬性有沒有預期的理想點？有沒有預期的價格區間？

6. 是否需要調整營業銷售組織？是否需要另外拓展市場銷售通路渠道？

7. 預估邊際投入費用、銷售量、銷售毛利之間的關係，評估是否值得代理？

4.2.2 代理合同內容條款分析評估

1. 簽約對方主體：生產製造廠商？有代理權的貿易商？一般自由貿易商？

2. 代理品牌產品：該企業所有品牌產品？特定品牌產品？特定品類品項產品？

3. 代理經銷區域：代理經銷區域範圍？獨家代理？複式代理？

4. 代理合同時間：合同時間長短是否合適？有沒有續約優先權？

5. 銷售目標要求：有沒有銷售目標要求？未達成銷售目標的處理原則？

6. 代理之權利金：有沒有代理經銷權利金要求？權利金的退還處理原則？

7. 通路拓展支持：有沒有市場拓展費用支持？有沒有拓展 KA 系統費用支持？

8. 品牌廣告支持：有沒有廣告費用支持？有沒有促進物品支持？

9. 營業銷售輔導：有沒有市場拓展輔導、營業銷售輔導、產品技術培訓輔導？

10. 其他相關事項：付款方式、最低訂購批量、訂貨交期、臨期品處理，以及不良品處理等相關事項。

4.2.3 提出代理品牌產品的建議事項

　　市場通路競爭本質是產品屬性與通路價格。行銷企劃經理人在評估產品市場投入可行性以及代理合同內容條款之後，必須針對這兩項競爭本質深入

評估分析，並且提出代理的相關條件建議事項，提供企業高層作為代理與否的決策參考。

1. 選擇期望代理的產品品項。

2. 預估產品品項的進口成本。

3. 試算產品品項的通路價格。

4. 評估產品品項的通路價格競爭力。

5. 提出產品品項的期望 FOB 價格要求

　　評估過程如果發覺該產品品項的屬性具有競爭力，但是不具備通路價格競爭力，則應該提出期望的 FOB 價格要求。

6. 提出對 KA 系統通路的拓展費用支持建議

　　KA 系統眾多而且進場經營費用較高，應該專項提出有關 KA 系統的拓展計畫與進場經營費用的支持要求建議。

7. 合同內容條款的分析評估與調整要求建議提出

　　例如：付款方式、最低訂購批量、訂貨交期、促進物品支持、廣告支持、不良品處理等相關條款事項，如果有不合適事項應該提出調整要求建議。

8. 相關市場銷售經驗支援要求提出

　　(1) 在國外當地通路拓展策略模式。

　　(2) 在國外當地通路價格定價模式。

　　(3) 在國外當地有效的推廣促銷模式。

　　(4) 在國外當地銷售業務的培訓模式。

　　(5) 提供標準規範的營業銷售手冊。

4.3 試算國外產品的進口成本

　　行銷企劃經理人必需具備試算國外產品進口成本的行銷企劃作業能力。行銷企劃經理人在評估是否經銷代理國外品牌產品的評估作業前期，手邊只有對方提供的 FOB 或 CIF 的產品品項報價資料，這時候必須預估產品品項進口成本是多少，才能試算產品品項的通路價格，評估產品品項有沒有通路價格競爭力？評估公司有沒有銷售毛利？

　　如果品項的產品屬性具有市場競爭，但是產品品項的銷售毛利太低，或

是沒有通路價格競爭力，行銷企劃經理人必須做出期望對方的 FOB 價格或 CIF 價格降價多少的具體建議。

例如：1. FOB 價格由 US$260 降為 US$220。

2. FOB 價格由 US$260 降價 20%，期望價格為 US$208。

4.4 海運進口成本試算模式

4.4.1 海運成本試算

海運是較為普遍的國際貿易模式，行銷企劃經理人至少要瞭解如何試算產品品項的海運進口成本。假設公司擬自國外進口一批產品，行銷企劃經理人可以依據海運進口作業程序，先擬訂一個進口成本試算表格。在此要注意，作業程序項目可能在不同年度會有變化，例如：

1. 稅捐的變化，在以前有港工捐，現在已經取消了。

2. 國家加入某些關稅有關的關鍵組織。

例如：WTO、FTA、RCEP 等，都會影響到進出口的關稅率。

3. 區域局部的戰亂，可能會影響到 I 保險費或 F 海運費。

4. 部分費用，例如：銀行費用。

以前用 L/C、D/A、D/P，現在用 T/T，這些都會影響到銀行費用的收取。

4.4.2 海運簡例說明

1. 建立進口成本試算表格

FOB 單價	進口數量	FOB 總價	I 保險費	F 海運費	CIF 總價	關稅	貨物稅	…	銀行費用	報關運雜費	到岸成本	到岸單價	進口倍數
A	B	C	D	E	F	G	H		I	J	K	L	M

2. 試算產品進口成本

A：產品品項的 FOB 單價。

B：進口數量，預估產品的批次進口數量。

C：FOB 總價，C＝A×B。

D：I 保險費，假設投保費率為 1%。I 保險費 = FOB 總價 C×1%。

E：F 海運費，以預估的裝船貨櫃費用核算。

F：CIF 總價，F = C + D + E

以上 A～E 都是以美金計價。海關以新臺幣為稅基徵收各項稅款，所以 CIF 總價需要換算成為新臺幣計價。

G：關稅與 H 貨物稅

不同的產品品項與產品來自不同的地區國家，關稅與貨物稅的稅率也會有所不同。試算進口成本必需查明清楚，再依據政府規定的稅率核算各項稅款。

政府是否加入「關稅有關的國際組織」，例如：WTO、FTA、RCEP 等，注意加入這些國際組織對關稅的影響。

I：銀行費用，預估銀行收取費用標準核算。

J：報關運雜費，以報關公司的報價費用預估。

K：到岸成本，K = F + G + H + I + J

如果報關運雜費內含港口到公司倉庫的運費，則到岸成本即為進口成本。

如果不含港口到公司倉庫的費用，則還要再加上港口到公司倉庫的運費。

L：到岸單價，L = K÷B。

M：進口倍數，M = L÷A。

4.5 報關運雜費用

1. 進口案例，進口報關運雜費直接洽詢報關公司。

2. 出口案例，需要自行預估，以臺灣基隆出口到大陸上海為例說明。

A 案詳附件 4-1：上海 ABC 公司進口清關等作業費用報價。

B 案詳附件 4-2：上海 XYZ 公司報關清關等作業費用報價。

A 案與 B 案是兩家上海報關公司的代理進口報關作業費用報價模式。

A 案是較概括性的報價模式，B 案是較詳細的條列各項代收費用專案。

報關公司作業費用報價一般只有包含代收代繳的通關清關專案費用與報關

公司的服務費用，基本上不包含關稅、貨物稅、加值稅等稅款。要特別注意作業報價有沒有包含港口到公司倉庫的運費。案例中的費用專案與費用核算，在不同的進口港口可能會有不同的計價模式。

3. 大陸稅法，進口產品在通關時候需要先繳交加值稅。

4. 以休閒食品為例，20 呎貨櫃裝載約 1,200 件貨品，40 呎貨櫃約 2,500 件貨品。如果不含關稅、貨物稅、加值稅等稅金稅款，從臺灣基隆出口一只 40 呎貨櫃到上海的費用約 ¥9,000～¥10,000 之間。（這些資訊可能會隨時間段而有所變化）

4.6 進口倍數

1. 進口倍數為產品到岸單價除以 FOB 單價。

2. 進口倍數相對於進口成本的主要變數為稅率與匯率，如果進口產品稅率沒有變化，匯率也沒有太大的變化，基本可以假設進口倍數也相同。

3. 產品 FOB 報價資料，如果當時的稅率與匯率沒有較大的差異變化，以 FOB 單價乘以進口倍數就大約是產品進口成本單價。

例如：某項產品的進口倍數為 30 倍，新品項 FOB 報價為 US$10，行銷企劃經理人可以很快預估產品到岸單價大約為 ¥300。

4. 不同時期的產品倍數，如果稅率與匯率產生變化就需要做調整。

企業每批次產品進口都會有實際的進口成本數據，行銷企劃經理人需要依據實際數據做進口倍數調整，提高預估的準確度。

4.7 提出產品品項期望 FOB 價格要求

請參閱附件 4-3，產品品項期望 FOB 價格試算表。

1. 假設公司計畫經銷代理國外 A 品牌產品的 AA-111 品項產品。

公司要求銷售毛利 50%，經銷商銷售毛利 20%，銷售末端銷售毛利 25%。

2. AA-111 品項產品的 FOB 報價為 US$10。

試算 AA-111 品項進口成本為 NT$300 元，推算進口倍數為 30。

3. 假設 AA-111 品項的主要競爭產品為 B 品牌的 BB-222 品項。

假設 B 品牌 BB-222 品項產品的零售價格為 NT$600。

如果 AA-111 品項採用 BB-222 品項的零售價格定價，AA-111 品項公司銷售毛利只有 33%。

4. 如果基於市場價格競爭考慮，公司希望 AA-111 品項能夠採用與 BB-222 品項相同的零售價格 NT$600 定價。

如果公司希望保持 50% 的銷售利潤，同時保證經銷商與銷售末端的銷售利潤行情，則 AA-111 品項的進口成本必需調降為 NT$286。

5. 即期望 AA-111 品項 FOB 報價由 US$10 調降為 US$9.5。

286÷30 = US$9.5

▶ 附件

1. 附件 4-1，上海 ABC 公司進口清關等作業費用報價：A 案。
2. 附件 4-2，上海 XYZ 公司報關清關等作業費用報價：B 案。
3. 附件 4-3，產品品項期望 FOB 價格試算表。

附件

附件 4-1　上海 ABC 公司進口清關等作業費用報價：A 案

海運（整櫃 CY）			臺灣基隆港→上海（KEEN → SHA）			
區段		報關作業	費用單位	20 呎櫃	40 呎櫃	備註
上海當地費用	1	THC 吊櫃費	櫃	¥825	¥1,225	
	2	換單費	單	¥750		
	3	EBS 緊急燃油附加費	櫃	¥1,200	¥2,400	
報關請關費用：內陸清關費	4	船停外高橋	櫃	¥3,650	¥4,550	普通貨櫃
		船停洋山	櫃	¥4,850	¥5,950	
小計			櫃	¥6,425：外高橋	¥8,925：外高橋	

備註說明	1	以上費用包括：入庫報關費、入庫報關聯單費、入庫三檢敲章費、入庫三檢預錄費、理貨費、掏箱費、港雜港建費、動植檢查驗費、食品查驗費、服務費、食品抽樣及衛生證書費、集裝箱卡車拖運費（港區提箱送貨至保稅倉庫）等所有費用。
	2	以上所有產品在單證齊全的寄出，我司承諾在口岸清關 7 個工作日交貨（如產生海關查驗，另加 2 個工作日）。

附件 4-2　上海 XYZ 公司報關清關等作業費用報價：B 案

海運（整櫃 CY）			臺灣基隆港→上海（KEEN → SHA）		
區段		報關作業	費用單位	20 呎櫃	40 呎櫃	備註
臺灣段	1	臺灣新莊提貨	櫃	NT$5,000	NT$5,500	
	2	臺灣報關	櫃	NT$2,200	NT$2,400	
	3	檔費	單	NT$1,650		
	4	吊櫃費 THC	櫃	NT$5,600	NT$7,000	
海運費及上海段通關所有費用		臺灣基隆港→上海	櫃	US$20	US$40	
	1	緊急燃油附加費	櫃	¥1,200	¥2,400	
	2	匯率變動附加費	櫃	¥370	¥740	
	3	吊櫃費 THC	櫃	¥850	¥1,250	
	4	檔費	單	¥550		
	5	報關費	單	¥450		
	6	報檢費	單	¥350		
	7	報關查驗服務費	單	¥250		
	8	報檢查驗服務費	單	¥250		
	9	換單費	單	¥250		
	10	港口雜費	櫃	¥950	¥1,200	實報實銷
	11	衛生證書出單	單	¥300		
	12	拖車費	櫃	¥1,400	¥1,700	至上海郊區倉庫
	13	三檢服務費	單	¥150		
		純運輸通關費用		¥7,320	¥9,840	
食品監管倉費用	1	審標備案費	5 個 SKU 以下（含）：¥700 / SKU			如果有需要才做，第一次才有審標費
			5 個 SKU 以上：¥500 / SKU			
	2	貼標服務	印標@ ¥0.25 / 貼印標@ ¥0.25			
	3	上下車搬運	¥35 / CBM / 次			
其他	1	其他費用，如被查驗產生的相關費用實報實銷				
	2	免費倉租 7 天，超過 7 天實報實銷				
	3	倉儲費：¥1.8 / CBM / 天				MIN¥100
	4	分撥費：¥45 / CBM				進出倉，整箱分貨
	5	我司物流出貨管理費：¥50 / 分單				
	6	如從其他口岸進口，費用視貨品而定				
外貿代理收費	1	貨值的 1.2%，或 MIN¥1,200				使用 XYZ 公司進口牌照
	2	銀行手續費：¥200				

備註說明	1	食品監管倉費用： 第一次進口食品需要監管審標，很多公司第一次進口食品到中國會先用少量空運進口，先審完標後，把相關審標資料直接印在紙箱上，以節省之後進口通關時間及費用。
	2	其他第 4 項分撥費及第 5 項我司物流出貨管理費： 一般食品包裝，一個 20 呎櫃約可裝 1,100 件、40 呎櫃約可裝 2,500 件。一個 20 呎櫃約 28CBM、一個 40 呎櫃約 60CBM。進出倉整箱分貨，就是把一個貨櫃的貨分給幾個不同客戶。
	3	有關公路運輸報價： T 噸費用，已經把噸 / 公里直接 × 公里數了。M3 費用，也是一樣。

附件 4-3　產品品項期望 FOB 價格試算表

一、產品通路價格試算

模式	品牌	品項型號	公司			經銷商			銷售末端		
			進口成本 a	出價 b	銷售毛利	進價 b	出價 c	銷售毛利	進價 c	零售價 d	銷售毛利
I	A	AA-111	300	450	50%	450	540	20%	540	675	25%

備註說明：
1. AA-111 品項通路價格計算。
2. 假設公司計畫代理國外 A 品牌產品的 AA-111 品項產品，AA-111 品項產品的 FOB 報價為 US$10。
3. AA-111 品項產品預估進口成本為 NT$300 元，推算進口倍數為 30 倍。
4. 假設市場銷售利潤行情，公司要求銷售毛利 50%，經銷商銷售毛利行情 20%，銷售末端銷售毛利行情 25%。

a = 300，b = 300×(1 + 50%) = 450，c = 450×(1 + 20%) = 540，d = 540×(1 + 25%) = 675。

二、以競爭品牌產品的銷售末端零售價試算銷算公司銷售毛利

模式	品牌	品項型號	公司			經銷商			銷售末端		
			進口成本 a	出價 b	銷售毛利	進價 b	出價 c	銷售毛利	進價 c	零售價 d	銷售毛利
推算 I	A	AA-111	300	450	50%	450	540	20%	540	670	25%
推算 II	A	AA-111	300	400	33%	400	480	20%	480	600	25%
II	B	BB-222	—	—	—	—	—	—	480	600	—

備註說明：
1. 假設 AA-111 品項的主要競爭產品為 B 品牌 BB-222 品項。
2. 假設 B 品牌 BB-222 品項的零售價為 NT$600。
3. 如果 AA-111 品項採用 BB-222 品項的零售價格 NT$600 定價，反推公司銷售毛利只有 33%。

三、期望 FOB 價格試算

模式	品牌	品項型號	公司			經銷商			銷售末端		
			進口成本 a	出價 b	銷售毛利	進價 b	出價 c	銷售毛利	進價 c	零售價 d	銷售毛利
I	A	AA-111	300	450	50%	450	540	20%	540	670	25%
II	A	AA-111	286	400	50%	400	480	20%	480	600	50%

四、期望降價要求提出

1. 假設原 AA-111 品項 FOB 報價為 US$10，假設進口倍數為 30，假設進口成本為 NT$300。
2. 如果 AA-111 品項採用 BB-222 品項的零售價格為 NT$600 定價，同時期望維持公司、經銷商、銷售末端等三方的銷售利潤行情。
3. 則 AA-111 進口成本必需由 NT$300 降為 NT$286，即期望 AA-111 品項 FOB 報價由 US$10 降為 US$9.5 (286÷30=9.5)。
4. 期望降價要求提出，AA-111 品項 FOB 報價由 US$10 調減為 US$9.5。

章節習作

【習作題目】進口產品的期望 FOB 價格預估推算。

【條件設置】

1. 進口產品 FOB 價：US$100。

2. 進口倍數：35 倍。

3. 競爭品牌產品零售價格：NT$6,000。

4. 經銷商銷售利潤行情 20%，銷售末端銷售利潤行情 25%。

5. 公司銷售毛利要求：35%。

【習作求解】

如果以競爭品牌產品零售價格 NT$6,000 為定價導向：

1. 公司進口產品 FOB 價最高不能高過什麼價格？

2. 公司應該如何和國外廠商討價還價？

Chapter

5

產品定價基本思維模式

5.1 產品通路的競爭本質

• 產品通路的競爭本質是產品屬性與通路價格的競爭。
• 提升產品通路競爭力，就是要提升產品在這兩方面的競爭能力。

1. 產品屬性

　　產品屬性好，消費者喜歡購買，銷售末端賣得好，產品通路拉力自然就強。銷售末端賣得好，中間銷售商自然樂於銷售，產品通路推力自然就強。

2. 通路價格

　　中間銷售商有合理銷售利潤，自然就有銷售意願，中間銷售商有銷售意願，產品通路推力自然就強。銷售末端零售價格有競爭力，消費者購買意願自然會提升，消費者購買意願提升，銷售末端拉力自然也就增強。

3. 提升產品通路競爭力就是利用產品的「產品屬性」與「通路價格」

　　兩項行銷變數，提升產品在通路上的「推力」和「拉力」。

5.2 銷售通路類型

　　銷售通路除了線上電商通路之外，大體上可以分為兩大類型：傳統通路以及現代型 KA 系統通路。有些經銷商比較偏重對於現代型 KA 系統通路的經營，有些經銷商則側重對於傳統通路的拓展。再從另一個層面來說，因為每家現代型 KA 系統的銷售業績產出量均不小，因此品牌廠商基於對現代型 KA 系統的有效經營與掌控，對某些現代型 KA 系統通路可能採用公司直營策略。

5.2.1 傳統通路的銷售渠道類別（以中國大陸市場為例）

1. 品牌廠商→經銷商→銷售末端。
2. 品牌廠商→經銷商→二批商→銷售末端。
3. 品牌廠商→經銷商→批發市場經銷商→銷售末端。
4. 品牌廠商→經銷商→批發市場經銷商→小二批商→銷售末端。

5. 品牌廠商→經銷商→封閉通路。

5.2.2 現代 KA 系統通路的銷售渠道類別

1. 品牌廠商→量販系統／便利連鎖系統／百貨公司賣場。
2. 品牌廠商→經銷商→量販系統／便利連鎖系統／百貨公司賣場。

5.2.3 品牌廠商直營的銷售渠道類別

1. 品牌廠商→量販系統／便利連鎖系統／百貨公司賣場。
2. 品牌廠商→封閉通路／網路電商／無人商店系統。
3. 品牌廠商→銷售末端。

5.3 通路價格體系概念

5.3.1 通路銷售商的銷售利潤行情

　　行銷企劃經理人研擬規劃公司產品價格時候，研擬規劃的應該不只是公司產品的出廠價格，必需同時考慮經銷商與零售末端的銷售利潤行情，推算預估公司產品的進出價格，也就是所謂的產品通路價格體系。

　　各行各業都有基本的通路銷售利潤行情，通路經銷商的銷售利潤應該要有多少？零售末端的銷售利潤應該要有多少？行銷企劃經理人研擬通路價格體系時候，必需關注這些基本的通路銷售利潤行情，因為利潤行情的擬訂直接影響到通路各階銷售商對品牌產品的銷售意願。

5.3.2 三階通路定價概念

　　經銷商經營傳統通路，基本上有 5.2.1 的五種銷售渠道類別；經銷商經營現代型 KA 系統通路，基本上有 5.2.2 中的 2.，一種銷售渠道類別。

　　行銷企劃經理人在產品定價作業時候，會有一種潛在隱含的定價管理意識，期望產品在各種銷售渠道類別中都有一致性的零售價格。個人多年的實務經驗告訴我自己，這幾乎是不可能的定價作業任務，期間除了各種銷售渠道的長度不同之外，還有一些客觀的原因，我們暫且不在此章節中討論。

　　通路的三大主體企業：品牌廠商、經銷商與銷售末端。行銷企劃經理人在產品定價作業時候，需要掌握三大主體企業的銷售利潤行情以及推算公司產品在三大主體企業的進出價格，這也就是所謂的產品通路價格體系，因為產品通路價格體系有三階，所以亦稱之為三階通路價格體系。三階通路價格體系表詳見附件 5-1。

　　規劃三階通路價格體系，一方面確保經銷商與銷售末端有銷售利潤行情，同時避免經銷商加價太高，導致銷售末端的零售價格也太高，缺乏市場價格競爭力。

1. 品牌廠商產品成本 A，出廠價格 B。

2. 品牌廠商出廠價格 B ＝經銷商進價 B。

3. 經銷商出價 C ＝銷售末端進價 C。

4. 銷售末端進價 C，銷售末端零售價格 D。

5. 品牌廠商銷售利潤 X，經銷商銷售利潤 Y，銷售末端銷售利潤 Z。

　　一般經銷商不會完全執行品牌廠商的通路價格，除非品牌廠商的產品在市場的銷售量非常紅火，而且品牌廠商強勢要求經銷商執行通路價格。

　　KA 系統的進場費用與經營費用較高，經銷商會略為調高其產品的供貨價格。經銷商基於本身的市場營銷需求，一般會經銷多家品牌廠商產品，經銷商會依據品牌產品在通路上的銷售狀況，對不同品牌產品也會有不同的加價模式，或有甚者某些品牌產品還會以低於經銷商進貨價格對外銷售。

5.4 KA 系統的供貨價格思維

5.4.1 三階通路供貨價格思維

　　在三階通路價格體系思維之下，品牌廠商對下一階通路的供貨價格概念是：

1. 批發性質為主體的中間商，給予廠商出廠價 B。（經銷商價格）

2. 銷售性質為主體的銷售商，給予經銷商出價 C。（銷售末端價格）

5.4.2 KA 系統品牌廠商直營

　　KA 系統在通路上是以銷售性質為主體的銷售末端，如果品牌廠商對 KA 系統採用直營政策，在供貨價格策略上應該跳開三階通路價格體系的邏輯思維。如果給予的是廠商出廠價 B，則 KA 系統銷售末端零售價會低於零售價格 D。亦即 KA 系統銷售末端零售價會遠遠的低於傳統通路銷售末端的零售價格 D。

5.4.3 KA 系統由經銷商經營

　　KA 系統的進場費用，以及進場後的經營費用較高，經銷商對 KA 系統的供貨價格也沒有絕對的標準原則，一般會依據品牌產品的銷售潛力狀況來作調整。有時候會以略高於正常經銷商出價 D 的價格供貨，以貼補投入經營 KA 系統的各項費用。有時候可能會以略低正常經銷商出價 D 的價格供貨，以提升銷售數量來賺取較高絕對值收入的銷售利潤。

5.4.4 KA 系統供貨價格痛點

　　KA 系統的經營理念與價格邏輯概念一直在改變中，以下第 3.、4.、5. 三項，只是以往的觀察現象，不能作為 KA 系統往後的不變經營原則。研擬規劃 KA 系統供貨價格，盡量不要影響到傳統通路的三階通路價格體系，期望兩個通路末端的零售價格不要有太大差異，這項作業對行銷企劃經理人來說是一項挑戰。

　　下列幾點交互影響著 KA 系統的供貨價格，行銷企劃經理人要理出一套 KA 系統的供價原則誠屬不易。

1. KA 系統的進場費用以及進場後的經營費用都較高。
2. 品牌廠商與經銷商，都有平衡傳統通路與 KA 系統通路的零售價格困擾。
3. KA 系統都各自有一套經營利潤政策

　　經營利潤分為前臺產品加價與後臺供應商合同費用收取兩大部分。KA 系統合同都有最低銷售量或金額的條款，銷售未達合同標準者，供貨商要補回 KA 系統的銷售利潤差額。

4. KA 系統的前臺產品加價率，一般比傳統通路末端店家的加價率低一點。

5. KA 系統的零售價格一般比傳統通路零售價格略低一點

不過此現象好像已經不那麼明顯，高於傳統通路零售價格的也不少。

6. KA 系統都設有市場訪價單位，尋訪其他系統店家的零售價格。

5.5 銷售利潤與銷售數量

在此我們回顧產品定價策略另一個面向的幾個問題。

1. 銷售利潤是產品單位利潤乘以銷售數量的總和

銷售利潤＝產品單位利潤 × 銷售數量，如果沒有銷售數量支撐，產品單位利潤再高，銷售利潤還是有限。

2. 產品零售價格具有「指導與改變」消費者在市場銷售末端的購買行為。

3. 經銷商與銷售末端的銷售利潤，是刺激通路銷售產品意願的重要通路推力手段

產品定價策略，不能只重視公司的銷售利潤，必須同時考慮經銷商與銷售末端的銷售利潤，以及銷售末端零售價格的市場競爭能力。

5.6 市場競爭導向定價法則

大學教科書中我們學習了許多有關產品定價理論，例如：定價與成本的關係、定價與市場類型的關係、價格理論的限制、定價的目標及程序、定價方法與策略等。然而當我們進入企業服務，在實務的產品定價作業，除非企業品牌是行業內的領導品牌，除非產品是全新的品類產品，您才會有這些複雜產品定價理論選項的煩惱。否則市場競爭導向定價法則，仍然是一般行銷企劃經理人常用的基本定價法則。所謂市場競爭導向定價法則也就是說，產品零售價格就貼著領導品牌產品的零售價格走，但並不是說，一定不能夠高於領導品牌產品的零售價格。

5.7 市場競爭導向定價法則：案例說明

行銷企劃經理人採用市場競爭導向定價法則訂價，除了考慮與主要競爭品牌產品的零售價格競爭之外，有時候還需要考慮其他相關條件作為調整，例如：產品生產成本、通路銷售利潤行情，以及公司對產品銷售毛利的要求等。以下我們以一個定價案例來作相關說明。

假設公司產品 XX-111，重量 180g。公司期望銷售毛利都能維持在 40%以上。市場主要競爭對象為 A 品牌 AA-333 產品，該產品的零售價格為36。假設通路銷售利潤行情，經銷商利潤 20%，銷售末端利潤 25%。

1. 試算公司產品成本與銷售毛利的關係

市場競爭導向定價法則：案例說明，如附件 5-2。

如果公司 XX-111 產品採用 A 品牌 AA-333 產品零售價格訂價，即零售價格 36。假設公司產品 XX-111 的生產成本可能有 16、18、20、22 四種成本，試算公司產品在不同產品成本之下的銷售毛利 X 為 50%、33%、20%、9%。

公司產品 XX-111 四種可能生產成本的銷售毛利試算，如表 5-1。

表 5-1　試算公司銷售毛利

模式	零售價	銷售末端利潤	經銷商利潤	公司產品成本	公司銷售毛利
2	36	25%	20%	16	50%
3	36	25%	20%	18	33%
4	36	25%	20%	20	20%
5	36	25%	20%	22	9%

2. 評估分析調整的可行性

上列模式 2 試算，產品成本為 16，公司銷售毛利為 50%。如果產品成本在 18～22 之間，都無法達到公司期望銷售毛利 40% 以上的要求。

公司期望銷售毛利都能夠維持在 40% 以上，這時候行銷企劃經理人有三種調整方向：

(1) 調整通路環節的銷售利潤，但是必須確保調整底線不能影響經銷商銷售意願

例如第 3-1 模式，維持產品零售價格 36，調整銷售末端銷售利潤為 20%，調整經銷商銷售利潤為 15%，則公司銷售毛利可以提升到 44%，達成公司銷售毛利 40% 以上的期望要求。但是如此調整是否影響經銷商銷售意願不得而知，所以行銷企劃經理人必須一再的嘗試著調整「銷售末端、經銷商、公司」等三者的銷售利潤，以求找到一個平衡點。

(2) 調整每包 g 重量與零售價格的組合，但是必須確保不影響消費者購買意願

例如第 3-2 模式，原來產品為 180g，產品成本 18，零售價 36。調整產品為 165g，則產品成本將為 14，調整產品零售價為 35，則公司銷售毛利提升到 64%，達成公司銷售毛利 40% 以上的期望要求。

(3) 啟動降低產品成本方案

例如第 3-3 模式，假設產品成本由 18 調降為 16，維持產品零售價格 36，銷售末端 25%，經銷商 20% 條件之下，則公司銷售毛利提升到 50%。

行銷企劃經理人實際操作個案調整時候，可以採用各種行銷組合模式。但是個案調整受限於相關條件，產品成本、公司銷售毛利要求、經銷商利潤行情、銷售末端利潤行情，以及競爭品牌產品零售價格等因素影響，有時候運氣好，很容易可以達成調整目標，但是有時候也不是很幸運的都能夠達成調整目標。如果以上調整模式還是無法達到公司期望產品銷售毛利要求，行銷企劃經理人還可以利用聯合銷售毛利率概念來支持個別優質高成本的產品定價策略。

5.8 聯合銷售毛利率概念

　　產品品項在生產成本、公司銷售毛利率要求、通路銷售利潤行情、市場零售價格競爭等因素相互影響之下，產品群內的產品品項很難有一致性的銷售毛利率。

　　聯合銷售毛利率概念，在產品群的整體銷售毛利率能夠達到公司銷售毛利率的要求情況之下，利用調高或降低個別產品品項的銷售毛利率，支持個別優質具有銷售潛力的高成本品項產品，能夠採用低於公司銷售毛利率的定價策略銷售。

5.9 聯合銷售毛利率：案例說明

1. 假設產品群內有三項產品，各品項銷售毛利率與年銷售金額，如表 5-2

　　核算產品群內的三個品項產品的聯合銷售毛利率 42.28%，高於公司銷售毛利率必須高於 40% 的規定要求。

表 5-2　產品群的聯合銷售毛利率

產品品項	AA-3611	AA-3612	AA-3613	合計
銷售毛利率	41%	42%	45%	─
年銷售金額	220	160	120	500
銷售毛利貢獻	90.2	67.2	54	211.4
聯合銷售毛利率	─	─	─	42.28%

2. 如果評估新品項 AA-3622 具有市場銷售潛力

　　依照公司銷售毛利率必須高於 40% 的規定要求，試算 AA-3622 品項的通路價格，其零售價格略高而影響市場價格競爭力。如果將公司銷售毛利率降為 35%，零售價格將會有較強的市場競爭力。

　　預估 AA-3622 品項第一年的銷售金額為 100，第二年的銷售金額為 200，往後銷售金額還會繼續攀升。則新品項 AA-3622 可以採用聯合銷售毛

利率概念，採用較低的銷售毛利率 35% 訂價，確保新品項的零售價格具有市場競爭力，如表 5-3。

表 5-3 支持個別產品 AA-3622 的定價策略

產品品項	AA-3611	AA-3612	AA-3613	AA-3622	合計
銷售毛利率	41%	42%	45%	35%	—
銷售金額	220	160	120	100	600
銷售毛利貢獻	90.2	67.2	54	35	246.4
聯合銷售毛利率	—	—	—	—	41%
年度產品群的銷售毛利貢獻增加				35	—

核算產品群內的四個品項產品的聯合銷售毛利率 41%，高於公司銷售毛利率必需高於 40% 的規定要求。

◥ 附件

1. 附件 5-1，三階通路價格體系表。
2. 附件 5-2，市場競爭導向定價法則。

附件

附件 5-1　三階通路價格體系表

品牌廠商	品牌名稱	品項型號	品牌廠商			經銷商			銷售末端	
			產品成本 A	出廠價格 B	銷售利潤 X	進價 B	出價 C	銷售利潤 Y	進價 C	零售價格 D	銷售利潤 Z

備註說明

1. 品牌廠商的產品成本價格 A，出廠價格 B。
2. 品牌廠商的出廠價格 B，亦即經銷商的進價為 B。
3. 經銷商的出價 C，亦即銷售末端的進價為 C。

附件 5-2 市場競爭導向定價法則

一、試算公司產品成本與銷售毛利的關係

模式	品牌	品項型號	銷售末端				經銷商			公司	
			零售價 d	進貨 c	銷售利潤 Z	出價 c	進貨 b	銷售利潤 Y	出價 b	產品成本 a	銷售毛利 X
1	A 品牌	AA-333	36	—	—	—	—	—	—	—	—
2	公司	XX-111	36	29	25%	29	24	20%	24	16	50%
3	公司	XX-111	36	29	25%	29	24	20%	24	18	33%
4	公司	XX-111	36	29	25%	29	24	20%	24	20	20%
5	公司	XX-111	36	29	25%	29	24	20%	24	22	9%

備註說明：

1. 假設公司產品 XX-111，市場主要競爭對象為 A 品牌，A 品牌 AA-333 產品的零售價為 36。
2. 假設公司產品 XX-111 的零售價格也訂為 36，假設公司產品 XX-111 的生產成本可能有 16、18、20、22 四種成本。
3. 試算公司產品在不同產品成本之下的銷售毛利 X 為 50%、33%、20%、9%。
4. C = 36/1.25 = 28.8 ≈ 29, b = 28.8/1.2 = 24。

二、評估分析調整的可行性

模式	品牌	品項型號	銷售末端				經銷商			公司	
			零售價 d	進貨 c	銷售利潤 Z	出價 c	進貨 b	銷售利潤 Y	出價 b	產品成本 a	銷售毛利 X
1	A 品牌	AA-333	36	—	—	—	—	—	—	—	—
3	公司	XX-111	36	29	25%	29	24	20%	24	18	33%
3-1	公司	XX-111	36	30	20%	30	26	15%	26	18	44%
3-2	公司	XX-111	35	28	25%	28	23	20%	23	14	64%
3-3	公司	XX-111	36	29	25%	29	24	20%	24	16	50%

備註說明：

假設公司產品 XX-111 的生產成本為 18，即為模式 3。

1. 模式 3-1，調整中間經銷商銷售利潤。調整銷售末端銷售利潤為 20%，經銷商銷售利潤 15%，則公司銷售毛利提升到 44%。
2. 模式 3-2，調整每包 g 重與零售價格的組合。原來產品為 180g，零售價 36，產品成本 18。調整產品為 165g，產品成本 14，零售價 35。則公司銷售毛利提升到 64%。
3. 模式 3-3，啟動降低產品成本方案。假設產品成本由原來的 18 降低到 16，則公司銷售毛利提升到 50%。

Chapter 6

高成本產品通路定價策略

6.1 高成本產品定義說明

　　通路三大主體：品牌廠商、經銷商與銷售末端，以銷售產品賺取利潤為目的。從公司訂價角度，經銷商與銷售末端要有合理的銷售利潤才會有銷售產品意願。在各行業領域，經銷商與銷售末端都有其所謂的銷售利潤行情存在。

　　產品末端零售價格，具有指導或改變消費者購買行為的行銷作用。如果產品屬性相似，品牌知名度與美譽度在消費者心目中也沒有很大的落差，銷售末端零售價格的差異，就具有指導或改變消費者購買行為的行銷作用。銷售末端零售價格差異愈大，指導或改變消費者購買行為的影響力就愈大。因此，如果產品屬性相似，期望產品具有價格競爭力，就必需考慮產品的銷售末端零售價格。

　　本章節討論所謂的「高成本產品」指的是：產品訂價受到多項行銷因素的影響與制約，如果在公司銷售利潤要求之下，在確保經銷商與銷售末端都有其銷售利潤行情之下，產品經過通路價格試算之後，該產品的零售價格不具備市場價格競爭力，我們即稱該項產品為高成本產品。以表 6-1 為例，說明公司的 XX-111 產品就是一項高成本產品。

表 6-1　產品通路價格試算

品牌	型號	公司（利潤40%）		經銷商（利潤20%）		銷售末端（利潤25%）	
		成本	出價	進價	出價	進價	出價
公司	XX-111	100	140	140	168	168	210
A 品牌	AA-333	—	—	—	—	—	180

6.2 生產成本組合

- 生產成本包含直接材料成本、直接人工成本與製造費用。
- 直接材料成本分為原物料成本與包裝材料成本兩大類。

直接材料成本		直接人工成本	製造費用
原物料成本	包裝材料成本		

圖 6-1 生產成本組合

6.3 生產成本較高的可能原因分析

1. 原物料的品質標準設定較高，或選用包裝材料的規格較高，或缺乏採購技巧等因素，導致直接材料成本過高。（直接材料成本部分）
2. 企業生產規模投資過當，導致製造費用分攤金額較大。（製造費用分攤部分）
3. 財務單位提供的生產成本資料不準確，或上層授意提供高估的生產成本資料。

6.4 高成本產品通路價格試算說明

高成本產品通路價格試算，詳見附件 6-1。

1. 以市場競爭導向定價法則，試算產品銷售毛利狀況

公司產品 XX-111 品項的生產成本 28 元，公司要求銷售毛利 40% 以上。市場主要競爭產品為 A 品牌 AA-333 品項，AA-333 品項零售價格 50 元。假設通路銷售利潤行情，經銷商銷售毛利 20%，銷售末端銷售毛利 25%。以市場競爭導向定價法則訂價，即 XX-111 品項的零售價格訂為 50 元。產品通路訂價試算結果：如果產品零售價格訂為 50 元，公司銷售毛利為 18%。

2. 以成本導向定價法則，試算產品通路價格狀況

公司產品 XX-111 品項的生產成本為 28 元，公司要求銷售毛利 40% 以上。假設通路銷售利潤行情，經銷商銷售毛利 20%，銷售末端銷售毛利 25%。市場主要競爭產品為 A 品牌 AA-333 品項，AA-333 品項零售價 50 元。以成本導向定價法則試算通路價格，即公司銷售毛利 40%，經銷商銷售毛

利 20%，銷售末端銷售毛利 25%。產品訂價試算結果：公司產品通路零售價 60 元，零售價偏高。

6.5 高成本產品通路定價策略

1. 高成本產品通路定價策略，應該先確保經銷商與銷售末端要有合理的銷售利潤，以及銷售末端零售價格的競爭力。
2. 先試圖降低公司銷售利潤要求，期望產品能夠有好的銷售數量，經由銷售數量增加來提升產品銷售利潤貢獻。隨著銷售數量增加，直接人工成本與製造費用兩項成本的分攤金額也會隨著降低，產品的邊際銷售利潤貢獻也會隨著增加，產品整體銷售利潤也會隨之增加。
3. 如果產品有足夠吸引消費者的產品屬性，如果產品有較強的品牌美譽度，在不影響末端零售價格的競爭力狀況之下，可以考慮略微調高銷售末端零售價格。在不影響經銷商的銷售意願狀況之下，可以考慮略微調低經銷商的銷售利潤。
4. 評估如果產品具有較強的市場銷售潛力，可以考慮利用聯合銷售毛利率概念，支持個別產品可以有較低銷售毛利的產品定價策略。

6.6 產品負毛利定價策略運用

6.6.1 產品負毛利定價策略前提

1. 產品品項必需具備有較強的市場銷售潛力。
2. 採用市場競爭導向定價法則，確保產品有一定的零售價格競爭能力。
3. 採用市場競爭導向定價法則，確保經銷商與銷售末端有銷售意願。
4. 公司出廠價格必須還要有銷售邊際利潤貢獻
   出廠價格＞（直接材料成本＋直接人工成本）。

6.6.2 產品負毛利定價策略成功案例

康師傅集團福滿多系列產品就是採用此種負毛利定價策略上市。

當年開發福滿多系列產品的市場任務是為了拓展零售價格人民幣 ¥1 元以下的低價面市場，如圖 6-2。福滿多系列產品的零售價格是事先設定，所以在當時直接材料成本以及製造費用分攤的兩項條件制約之下，很自然就變成了高生產成本產品，在產品背負著市場拓展任務之下，上市初期採用負毛利定價策略。

第一年福滿多系列產品如預期的產生了較大金額虧損。第二年開始隨著銷售數量的不斷快速成長，整體銷售利潤也不斷增加，營業銷售開始轉虧為盈。後來為了降低配送成本與生產成本，集團開始在各地規劃 O.D.M. 專屬生產工廠。集團更進一步的將福滿多系列產品規劃成為獨立經營的產品事業群。

康師傅福滿多系列產品是負毛利定價策略運用的經典成功案例。

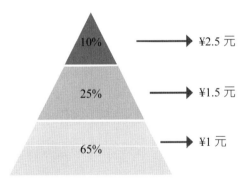

 6-2　方便麵市場價格分析圖

附件

1. 附件 6-1，高成本產品通路價格試算。

附件

附件 6-1 高成本產品通路價格試算

一、市場競爭導向定價法則試算公司產品的銷售毛利

模式	品牌	品項 型號	銷售末端				經銷商			公司	
			零售價 d	進價 c	銷售利潤 Z	出價 c	進價 b	銷售利潤 Y	出價 b	產品成本 a	銷售毛利 X
1	A 品牌	AA-333	50	—	—	—	—	—	—	—	—
2	公司	XX-111	50	40	25%	40	33	20%	33	28	18%

備註說明
1. 假設公司產品 XX-111 品項，市場主要競爭產品為 A 品牌 AA-333 品項，AA-333 品項零售價格 50 元。
2. 假設公司產品 XX-111 的成本為 28 元，假設通路銷售毛利 20%，經銷商銷售毛利 25%，銷售末端銷售毛利 18%。
3. 假設公司產品 XX-111 以 AA-333 品項零售價格 50 元為基準訂價，試算公司銷售毛利為 18%。
   $c = 50/1.25 = 40$, $b = 40/1.2 = 33.3 \approx 33$。

二、成本導向定價法則試算產品通路價格

模式	品牌	品項 型號	銷售末端				經銷商			公司	
			零售價 d	進價 c	銷售利潤 Z	出價 c	進價 b	銷售利潤 Y	出價 b	產品成本 a	銷售毛利 X
1	A 品牌	AA-333	50	38	25%	38	30	20%	30	—	—
3	公司	XX-111	59	47	25%	47	39	20%	39	28	40%

備註說明
1. 假設公司銷售毛利要求 40% 以上。
2. 以成本導向定價法則試算通路價格，公司 XX-111 產品的零售價格為 60 元。
   $b = 28 \times 1.4 = 39.2 \approx 39$, $c = 39 \times 1.2 = 46.8 \approx 47$, $d = 47 \times 1.25 = 58.8 \approx 59 \approx 60$。

Chapter

7

價格空間與產品發展策略

7.1 產品定位（Product Positioning）

7.1.1 產品定位觀念

1. 發覺消費者對於某種產品重視的屬性

   實體屬性：價格、重量、口味、形狀、成分、性能、結構等。

   心理知覺：時髦、新潮、保守、濃烈、方便等。

2. 選擇消費者關注的兩種屬性，在一平面將各品牌產品的此種屬性點入相對應之位置，確定各種品牌產品在由此等屬性所構成的產品空間（Product Space）中之相對位置，如圖 7-1。

   產品空間又稱為產品地圖（Product Map），選擇兩種屬性，例如：價格與重量、好吃與價格、性能與價格。

3. 也可以選擇消費者關注的三種屬性，例如：汽車的性能、價格與品牌。

4. 發掘消費者心目中此種產品的理想點（Ideal Point）之位置

   例如：發掘理想點為重量 300～400g 之間，價格約在 20～25 元左右。

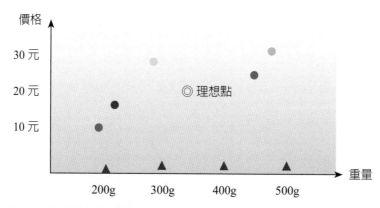

圖 7-1 產品空間與理想點發掘

7.1.2 產品定位的策略運用模式

觀察產品空間，我們可以有下列產品策略模式運用：

1. 發掘理想點位置，如果理想點附近沒有產品，開發理想點附近的產品品項。
2. 發掘理想點位置，調整現有產品品項往理想點靠近。
3. 針對與公司產品靠近的直接競爭產品品項，研擬規劃競爭策略方法。

7.2 價格空間與產品發展策略

約在 1997 年間，康師傅珍品袋麵零售價格還在人民幣 ¥1.5 元時期。產品企劃經理人分析市場零售價格區塊的銷售份額占比，發覺現象如下：

1. 零售價格 ¥1 元以下，產品的市場銷售份額占比約 65% 左右。
2. 零售價格 ¥1 元以上、¥2.5 元以下，產品的市場銷售份額占比約 25% 左右。
3. 零售價格 ¥2.5 元以上，產品的市場銷售份額占比約 10% 左右。

在當時期，康師傅珍品袋麵是市場銷售第一的品牌，銷售數量與產品美譽度都遙遙領先其他品牌。但是如果依據這項分析結果顯示，即使康師傅珍品袋麵能夠把 ¥1 元以上、¥2.5 元以下的市場銷售份額全部占滿了，也只是占有方便麵市場銷售份額的 25% 而已。而在當時期，康師傅並沒有零售價格 ¥1 元以下的產品。這項分析給康師傅方便麵的市場拓展策略來了一記狠狠的當頭棒喝。

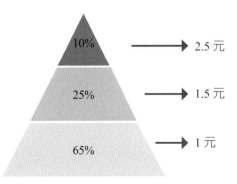

圖 7-2 方便麵市場價格分析圖

因此，如何拓展零售價格 ¥1 元以下，占 65% 市場銷售份額的產品市場，就變成當時期康師傅方便麵產品企劃經理人的主要產品策略議題之一。於是乎就有後來的「好滋味」與「福滿多」兩系列方便麵產品橫空出世。

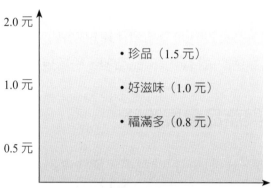

圖 7-3 康師傅方便麵系列產品市場價格分析圖

康師傅利用「價格屬性」作為產品市場的「區隔變數」，區分市場發展產品。推出「好滋味」與「福滿多」兩系列產品，拓展零售價格 ¥1 元以下的產品市場。後來又新推出「面霸」系列產品，與銷售量占全中國第一的「珍品」系列產品，一起精耕拓展零售價格 ¥1 元以上、¥2.5 元以下的產品市場。這幾項以價格屬性作為市場區隔變數的產品定位策略，後來經由實際的市場銷售數量證實，都是很成功的產品發展策略。

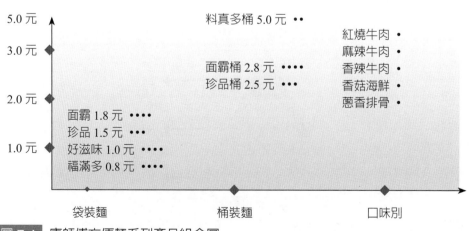

圖 7-4 康師傅方便麵系列產品組合圖

綜觀康師傅方便麵的產品發展策略，同時運用了幾個行銷區隔變數，架構成為康師傅方便麵的品牌系列產品群。

1. 價格區間

零售價格 ¥1 元以下：「好滋味」系列與「福滿多」系列。

零售價格 ¥1 元以上、¥2.5 元以下：「珍品」系列與「面霸」系列。

2. 產品口味

紅燒牛肉、麻辣牛肉、香辣牛肉、香菇海鮮、蔥香排骨等產品口味。

3. 產品容器

袋裝麵、桶裝麵。

4. 產品包裝

單包包裝、三聯包裝、五聯包裝。

康師傅在高端產品發展策略方面，「料真多」系列產品，利用「牛肉軟罐頭」當調味包。突破當年方便麵在消費者心中既有的價格區間局限，拔高料真多品牌桶裝麵的產品零售價格到 ¥5 元的高度，同時建立康師傅產品技術領先的美譽度。

7.3 不同重量包裝的產品發展策略

相同產品採用不同重量包裝的產品發展策略，是運用「重量」與「價格」兩項區隔變數。但是相同產品不同重量包裝的品項數量不能太多，這中間牽涉到包裝材料採購、包裝材料製作、包裝材料庫存、產品庫存等相關包裝材料管理與成本積壓問題。

產品企劃經理人還需要考慮相同產品不同重量包裝品項之間的內部品項相互競爭問題。規劃相同產品不同重量包裝先要有初步的想法，產品品項價格區間要設定多大？再評估需要規劃幾個品項數量。

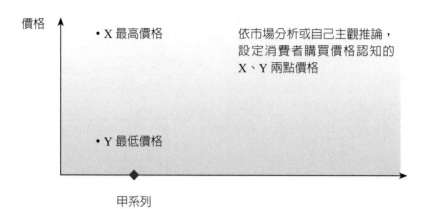

圖 7-5 產品品項價格分析示意圖 1

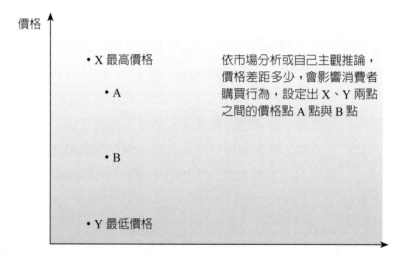

圖 7-6 產品品項價格分析示意圖 2

　　產品品項包裝需要設定多少重量？產品價格要設定為多少？行銷企劃經理人還可以考慮幾個行銷變數加以利用。

1. 注意產品品項包裝的克重單價運用，盡量讓消費者有較便宜的感覺。

2. 如果企業品牌還不是領先品牌，盡量有單包價格較低的品項，引導消費者嘗試購買的意願。零售價格盡量不要高於領先品牌品項的零售價格。

3. 考慮消費者購買產品的使用時機，個人小包裝、家庭大包裝、旅行包裝、禮盒包裝。

7.4 常用的產品定價策略

7.4.1 競爭導向定價策略

市場競爭導向定價法則，又簡稱為競爭導向定價法則。

競爭導向定價法則策略的基本邏輯是，採用與領先品牌一樣的產品零售價格。期間或許需要考慮公司產品成本，公司銷售利潤要求，通路環節銷售利潤行情，期間的操作調整思維，請參閱第五章產品定價基本思維模式。

7.4.2 跟隨定價策略

跟隨定價策略是優質品牌產品經常採用的定價策略。

1. 跟隨定價策略有兩項定價策略想法：
   (1) 領先品牌已經在消費者心中創造了一個可以接受的品項價格點或價格區間。
   (2) 消費者心中的購買心理，價格代表品質，較便宜的產品可能品質比較不好。
2. 跟隨定價策略基本操作模式：
   (1) 產品包裝重量比領先品牌產品多一點，以相同的零售價格銷售。
   (2) 產品包裝重量與領先品牌產品相同，以相同的零售價格銷售。
   (3) 產品包裝重量與領先品牌產品相同，以略低一點的零售價格銷售。
   (4) 產品包裝重量與領先品牌產品不同，克重單價比領先品牌產品略低。

7.4.3 趨避定價策略

趨避定價策略是，品牌強度較弱或產品品質較低的品牌經常採用的定價策略。

趨避定價策略基本定價策略邏輯想法是，避開與領先品牌在價格區間帶的正面交鋒，另外打開一個價格帶區間。同時也採用包裝重量變數，盡量避開與領先品牌有相同重量的包裝品項。簡言之，應用包裝重量與零售價格兩項行銷變數，作為產品定價策略。

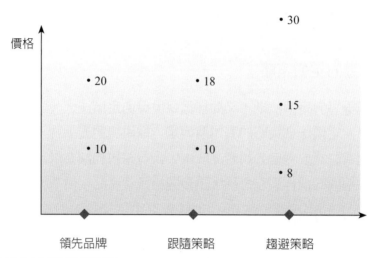

圖 7-7 產品定價策略示意圖

 行 銷 資 訊 頻 道

一、市場區隔化觀念（Market Segmentation）

市場具有多元性質，期望利用一些區隔變數，將一個錯綜複雜的市場區分為若干小市場，使得每一個小市場有較明顯、較單純的市場性質，提供企業作為規劃行銷計畫的基礎，從而提高其行銷效益。

二、選擇區隔變數必須符合三點要求

1. 可衡量性（Measurability）

根據此標準能夠具體而準確的將客戶予以區分，同時區分成本不可過高。

2. 可接近性（Accessibility）

經過區隔後的小市場，可以經由不同的通路或媒體，提供合適的產品或服務。

3. 足量性（Substantiality）

經過區隔後的小市場，必須有一個或多個市場，存在有足夠的市場需求量，才值得針對該小市場發展行銷策略。

資料參考：許士軍（1986）。

Chapter

8

經銷商拓展業務配置政策

8.1 經銷商拓展業務配置緣起

　　早年外商進入中國大陸市場初期階段，那年代的經銷商比較缺乏主動拓展市場的概念。當時具有「行批」概念的經銷商較少，某些經銷商雖然也有銷售隊伍，也有車輛配送商品到零售末端，但是在如何拓展銷售末端網點？如何管理銷售業務人員？這些方面缺乏有效的市場拓展與銷售管理模式。

　　由於市場缺乏具有「行批」概念的經銷商，外商企業基於本身品牌產品市場拓展需求，開始主動積極輔導其所屬經銷商有計畫性的拓展市場銷售末端網點，輔導模式為，政策性的選擇某些經銷商，為經銷商配置市場拓展業務，輔導經銷商有計畫性的拓展市場銷售末端網點。

　　市場拓展業務的主要工作為拓展市場銷售末端網點。市場拓展業務團隊簡稱為「市拓隊」，市場拓展業務簡稱為「市拓業務」或「拓展業務」。在當時期，市場拓展業務團隊的基本運作模式大約如下：

1. 職務職稱：銷售業務、市拓業務或拓展業務。

2. 主要工作：拓展該公司品牌產品的銷售末端網點。

3. 人員編制：配置的拓展業務編制在經銷商公司，日常銷售工作由外商企業的區域銷售主管直接管理。配置拓展業務工作表現優秀者，或可轉任經銷商正職編制業務，或可轉任外商企業正職編制銷售業務。

4. 薪資結構：底薪加績效獎金的薪資制度。底薪由外商企業給付，績效獎金由經銷商給付。績效獎金計算方式，由外商企業與經銷商事先共同協商決定。

5. 銷售管理：拜訪路線規劃、拜訪店數規定、訂單收取規劃、銷售表格填寫、銷售會議等，均由外商企業的區域銷售主管直接管理。

6. 配置政策：配置政策由外商企業與經銷商事先共同協商決定。例如：協商配置幾位拓展業務、配置政策支持幾個月期間。

8.2 銷售政策與管理威信

　　行銷企劃部門研擬、規劃經銷商配置市場，拓展業務政策的原始目的有三：

1. 支持新開發的經銷商，快速拓展市場銷售末端網點鋪貨。
2. 新產品上市時候，支持經銷商快速拓展市場銷售末端網點鋪貨。
3. 輔導有銷售潛力的經銷商，重新拓展市場銷售末端網點。

　　個人經驗觀察發覺，行銷企劃部門規劃的市場拓展業務配置政策，一般偏重於支持費用的編列，而較少規範拓展運作模式以及管理執行模式，也缺少事後的績效結果的稽核作業。再者，或許銷售業務本身也缺乏此種配置政策的操作經驗，因此，銷售業務可能忽視配置政策辦法的運作模式與管理規範等相關問題。

　　銷售業務心中想的可能只是，公司出錢給經銷商配置市場拓展業務，經銷商也已經知道公司有此項政策辦法，而且也想要提出市場拓展業務配置要求。銷售業務心中想的可能只是，先滿足經銷商要求，避免產生異議抱怨因而影響其出貨意願，先把政策費用申請下來再說，其他執行管理規定事項就先不管了。

　　結果每次企業制定類似的經銷商支持政策辦法，例如：市場拓展業務配置政策、堆箱陳列獎勵辦法、新品項產品的鋪貨獎勵辦法，或者是產品銷售搭贈獎勵辦法等，銷售業務根本沒有嚴格執行政策辦法的管理意識。經銷商也逐漸知曉企業執行政策辦法的管理模式，如此政策辦法執行鬆散失控一再惡性循環，不但政策辦法執行沒有實質成效，企業也逐漸喪失在經銷商心中的管理威信。

8.3 市場拓展業務配置政策規劃

8.3.1 市場拓展作業事項規劃

　　市場拓展作業事項需要事先研擬規劃，而且必需考慮經銷商目前的日常銷售作業流程。市場拓展作業事項研擬規劃之後需要與經銷商溝通達成共

識，還需要針對配置拓展業務以及經銷商所屬銷售業務進行執行前的作業事項培訓。

下列為市場拓展作業事項的重點規劃要項：

1. 計畫開發的區域範圍？計畫開發哪種類型的銷售末端網點？
2. 開發區域內大約有多少銷售末端網點？預期開發多少銷售末端網點？
3. 拓展業務是隨車開發銷售末端網點現場鋪貨？還是今天接單明天送貨？
4. 市場拓展作業流程模式研擬規劃。
5. 市場拓展作業流程與經銷商日常銷售作業流程的對接模式研擬規劃。
6. 新開發的銷售末端網點，經銷商如何規劃以後的出貨銷售作業流程？如何接續經銷商日常銷售作業流程？
7. 市場拓展業務對經銷商日常銷售作業流程的培訓規劃。
8. 經銷商所屬銷售業務對市場拓展作業流程的培訓規劃。

8.3.2 拓展業務配置協議規劃

激勵支持經銷商的政策辦法都是正面的，但是為了提升政策辦法執行效果，某些政策辦法可能需要與經銷商簽訂政策協議，清楚條款說明彼此的權利與義務。下列為市場拓展業務配置政策協議的重點內容規劃要項：

1. 目標設定：每人每日拓展網點數量目標與銷售業績目標。
2. 人員配置：明確規定配置拓展業務多少人、配置政策支持幾個月分。
3. 管理規劃：明確配置拓展業務的編制歸屬與管理歸屬。
4. 人員招聘：明確配置拓展業務來源，對外招聘或由經銷商內部銷售業務調任。
5. 負責產品：明確規定拓展業務只負責企業品牌產品鋪貨銷售。
6. 日常管理：明確規定拓展業務每天工作流程與銷售管理模式。
7. 管理權責：明確規定配置政策辦法執行與督導的相關管理權責與獎罰規定。
8. 薪資結構：明確擬訂績效獎金計算模式，底薪加績效獎金制度。

8.4 拓展業務配置作業表單

8.4.1 經銷商配置拓展業務申請協議

經銷商擬向公司申請市場拓展業務配置時候，由負責該經銷商的銷售業務，先行與經銷商充分溝通有關公司配置政策的相關制度辦法要項。銷售業務與經銷商溝通達成共識之後，銷售業務必需另以公司簽呈，將申請案件送呈公司有權核准的主管核准，然後銷售業務再與經銷商簽訂「經銷商配置拓展業務申請協議」，如附件 8-1，完成經銷商配置政策申請手續。

8.4.2 拓展業務每日鋪貨明細表

拓展業務每日鋪貨明細表，如附件 8-2。

1. 市場拓展作業如果是拓展業務隨車鋪貨，拓展業務應該在每天鋪貨之後填寫鋪貨明細表，並在鋪貨明細表上簽字提交甲方責任人。
2. 拓展業務如果是今天接單隔天送貨，拓展業務應該在每天接單之後填寫鋪貨明細表，拓展業務應該主動追蹤隔天的送貨實況，在確認鋪貨產品明細表上的產品確實送出後，請送貨司機在鋪貨明細表上簽字佐證，拓展業務在鋪貨明細表上簽字之後提交甲方責任人。
3. 鋪貨明細表必需妥善保存一年，作為經銷商申請拓展業務底薪費用之附件。同時公司將對申請拓展業務配置案件進行專案行銷稽核。

8.5 配置政策成功關鍵條件分析

配置拓展業務支持經銷商快速拓展銷售末端網點，原本是很好的思維概念，但是以往經驗告訴我們，市場拓展業務配置政策的成功案例較少。行銷企劃經理人在研擬規劃配置拓展業務政策時候，下列幾項成功關鍵因素需要在規劃之前先行細細思考，省思公司產品是否合適制定此類銷售政策辦法。

1.品牌產品通路戰力夠不夠強

產品通路戰力由產品屬性、產品價格以及品牌知名度組成。如果產品通路戰力不是很強，即使利用較大的推力將產品推進到銷售末端網點，產品在

通路銷售末端網點的銷售回轉可能達不到預期的銷售目標。也就是說：

(1) 如果產品通路戰力不夠強大，銷售末端接受鋪貨的意願可能也不高，即使接受鋪貨，鋪貨率不會與銷售金額成正比。

(2) 如果沒有謹慎選擇合適的銷售末端鋪貨，產品鋪貨以後，銷售回轉可能也不會很理想，產品可能在銷售末端滯銷，亦可能影響產品品牌的美譽度。

2. 政策辦法與作業流程的規劃是否合理嚴謹

拓展業務主要工作是快速拓展有效的銷售末端網點。這裡有兩個關鍵：快速拓展與有效的末端網點。如何快速拓展？如何選擇有效的銷售末端網點？都是作業規劃重要命題。

3. 公司銷售業務是否有能力執行拓展業務配置政策辦法

公司銷售業務有沒有管理拓展業務的管理能力？公司銷售業務如何調配平常工作時間？有沒有時間關注拓展業務工作？

4. 經銷商是否有配合執行的意願

經銷商不能只是想申請配置政策的費用補助，必需還要有拓展市場的企圖心。市場拓展作業流程與經銷商日常銷售流程如何對接？經銷商是否有能力繼續經營新開發出來的銷售末端網點？

8.6 經銷商拓展業務配置政策運用

經銷商拓展業務配置政策是很直接有效開拓區域銷售末端網點的策略辦法。

此策略辦法可以達成三項市場經營目標：第一，拓展區域市場蛋黃區的銷售末端網點；第二，提升區域經銷商的市場經營能力，提升區域經銷商的銷售業績，提升經銷商對公司的向心力；第三，提升公司精耕區域市場的目標，提升公司區域市場的銷售業績。

經銷商拓展業務配置政策可以複製推行，在省級營業部組織編制市場拓展業務小組，機動支援省區內經銷商拓展區域市場。以下是幾項複製推行時

候應該特別注意的事項，這些事項應該對市場拓展小組成員有完整的培訓規劃。

1. 市場拓展小組成員必須經過完整的培訓，每位成員必須具備規劃、執行與管理經銷商配置拓展業務政策辦法的能力。

2. 經銷商提出申請配置拓展業務專案時候，市場拓展小組選定人員擔任專案責任人，由配置專案申請，而專案的需求規劃與內容溝通，及專案的執行與管理，以確保專案的落地執行與執行成效。

3. 除了支持新開發的經銷商鋪貨以及新產品上市支持經銷商快速鋪貨之外，平常針對具有銷售潛力，而且有拓展銷售末端網點企圖心的經銷商，主動協助拓展市場，以期達到提升區域銷售業績與強化經銷商對公司向心力的雙重目標。

附件

1. 附件 8-1，經銷商配置拓展業務申請協議。
2. 附件 8-2，拓展業務每日鋪貨明細表。

附件

附件 8-1 經銷商配置拓展業務申請協議

甲方：（企業公司）
乙方：（區域經銷商）

茲因乙方為甲方的區域經銷商，雙方為共同拓展甲方產品在乙方經銷區域內的銷售末端網點，經雙方協商，由乙方向甲方提出配置市場拓展業務申請，雙方就配置市場拓展業務申請達成以下協議共同遵守。

一、拓展業務工作職責認定：

1. 甲方指派_____為本協議專案的執行責任人。（以下簡稱甲方責任人）
2. 拓展業務是專職負責甲方產品銷售末端網點開發的銷售業務人員。
   拓展業務只負責甲方產品銷售末端網點開發為乙方申請協議的必要條件。
3. 拓展業務乙方可對外招聘或由乙方銷售團隊內部調派。
   拓展業務人選必需經甲方責任人與乙方雙方共同同意。
   拓展業務如果由乙方內部調派，自調派日起只能負責甲方產品銷售拓展。

二、拓展業務日常銷售管理

1. 拓展業務銷售工作基本上屬於乙方日常銷售工作的一環。
   拓展業務日常工作由甲方責任人負責調派與管理。
2. 拓展業務必須每日填寫「拓展業務每日鋪貨明細表」，如附件 8-2。
3. 甲方責任人必需妥善保存附件 8-2，作為乙方申請拓展業務薪資憑證，
   同時作為甲方行銷稽核單位稽核的資料。

三、拓展業務配置申請

1. 甲方支持乙方配置拓展業務_____人，支持_____月（由　年　月到　年　月）。
2. 甲方支持期滿後，拓展業務工作完全轉由乙方調派，薪資轉由乙方全部支付。

四、拓展業務薪酬規劃

1. 拓展業務的薪酬構成為底薪加獎金

   拓展業務每月薪資合計約＿＿＿＿元，其中底薪＿＿＿＿元，獎金約＿＿＿＿元。

   獎金核算辦法：＿＿＿＿＿＿＿＿＿＿＿＿＿＿＿＿＿＿＿＿＿＿＿＿＿＿。

2. 薪酬分擔

   拓展業務的底薪由甲方分擔，獎金由乙方分擔。

3. 薪資發放

   乙方負責每月拓展業務薪資發放。甲方分擔的底薪部分由乙方先行代墊，次月由甲方責任人向甲方提出拓展業務底薪申請。

五、甲方支付拓展業務底薪申請模式

1. 甲方責任人按月向甲方申請拓展業務的底薪

   申請時必需附「拓展業務每日鋪貨明細表」，經甲方營業銷售本部總監核准後，以預收貨款或貨補的形式支付給乙方。

2. 乙方違反本協議的第一項「拓展業務工作職責認定」，或第二項「拓展業務日常銷售管理」協議內容，經甲方查屬實，甲方有權提前終止本協議。

六、其他

　　乙方全權負責拓展業務的薪酬發放、勞動合同簽訂、社保購買等勞動關係管理。

　　如乙方未按照規定完善勞動關係等，因此產生任何勞動糾紛發生，一切法律責任由乙方承擔。甲方如因此需要承擔相對的賠償責任，甲方有權向乙方追償該部分甲方的全部損失。

甲　方：　　　　　　　　乙　方：

代理簽約人：　　　　　　代理簽約人：

簽約時間：　　　　　　　簽約時間：

附件 8-2　拓展業務每日鋪貨明細表

拓展業務姓名			所屬經銷商			日期	年　　月　　日/星期（　）		
序號	商店類型	商店名稱	商店地址	商店電話	聯繫人	鋪貨明細			
1									
2									
3									
4									
5									
6									
7									
8									
9									
10									
重要工作紀要									
商店類型	A：地區性連鎖超市，B：一般超商或士多店。								
備註說明	1. 拓展業務如果是隨車鋪貨，應該在每天鋪貨之後填寫本表，並在本表上簽字後提交甲方責任人。 2. 拓展業務如果是接單隔天送貨，應該在每天接單之後填寫本表。拓展業務應該主動追蹤隔天的送貨實況，確認鋪貨產品明細表上產品確實送出後，請送貨司機在本表上簽字，拓展業務在本表上簽字後提交甲方責任人。 3. 本表單必需妥善保存一年，作為經銷商費用申請附件，同時公司將對申請拓展業務配置案件進行專案行銷稽核。								

拓展業務	甲方責任人

Chapter

9

銷售組織與工作職掌規劃

9.0 章節前言

行銷管理循環（Marketing Plan-Do-See Cycle）將行銷管理劃分為三大區塊的管理職能，這三大區塊的管理職能可以作為行銷團隊組織規劃的參考：Plan（行銷企劃團隊）、Do（營業銷售團隊）、See（銷售管理團隊）。

9.1 銷售組織主要工作職掌規劃

組織部門就是一個工作責任單位，組織部門必需完成部門職掌相關的所有工作事務。研擬規劃部門工作職掌，條列組織部門主要工作職掌項目即可，每年再依據階段性管理重點做適當調整。完全列出組織部門所有工作職掌是有困難的，也沒有完全條列的必要性，因為組織部門總會有新工作事務產生。

營業銷售部門的主要工作職掌如下：
1. 依據通路政策開發經銷商，組建經銷商隊伍。
2. 銷售公司產品，達成公司交付銷售業績目標。
3. 執行公司價格政策，維持市場通路價格平穩。
4. 執行公司行銷與促銷辦法，提升經銷商業績。
5. 管理與輔導，經銷商各項出貨與庫存之管理。
6. 區域競爭品牌產品的市場資訊蒐集以及回輸。
7. 其他公司交付的工作任務。

9.2 銷售組織職務職稱規劃

營業銷售部門的職務職稱以及其相對應的職務職責，應該要有較前瞻性的規劃。這些職務職稱除了明確其上下級隸屬關係之外，還涉及背後的薪資結構問題。例如下列事項應該規劃清楚：
• 產品銷售人員的職稱是業務人員？還是銷售人員？還是營業人員？雖然以上名稱都可以，但是最好統一規定清楚。
• 銷售業務人員、助理業務人員與理貨人員彼此之間的工作職責與隸屬關係

為何？

• 理貨人員要列爲公司正式編制人員？還是臨時約聘人員？

• 銷售業務人員代表公司在市場從事銷售工作，需要一個「稱頭」的「職務職稱」，時代趨勢，「經理」是一個稱頭的職務職稱，所以在某些公司的營業銷售部門會有一些「經理」頭銜職稱規劃。

• 如果同時使用幾個「經理」職務職稱，例如：經理、區域經理、業務經理與客戶經理，彼此之間的工作隸屬關係爲何？彼此之間的職務職責爲何？應該說明清楚。請參考附件 9-1 的營業部職務職稱規劃表。

營業部職務職稱規劃表，如附件 9-1，是一家食品公司案例，簡單說明如下：

1. 職務職稱：分爲主管級、非主管級、基本年資以及重點工作說明。

2. 職級規劃：由 1 職級到 10 職級。職級縱向代表職務職稱的上下級關係。

3. 營業部有幾個經理職稱：職級由 3 級的客戶經理到 6 級的經理（省級經理），而企劃部可能只有一個經理職稱，部門之間的平行職務職稱就由職級來說明。例如：企劃部經理職級是 7 級，此即企劃部經理與營業部大區總監是平行職級，職稱雖然不同但是職級職等相同。

9.3 營業銷售組織

營業銷售組織在公司成立初期，營業銷售組織可能只是一個簡單的銷售單位，企業老闆兼任銷售主管，加上幾個銷售業務，簡單的劃分銷售業務彼此的銷售責任區域，擬訂一個簡單的銷售獎金制度，在銷售主管的帶領下大夥就開始開疆闢土幹了起來。

隨著銷售業績不斷的成長，銷售業務人數以及銷售區域範圍都會伴隨著成長，公司開始有規劃設置營業部的需求。逐漸的一個營業部也滿足不了拓展市場的組織需求，於是開始有設置地區性營業部的需求。

常見的地區性營業部設置，例如：在臺灣，開始設置臺北營業部、臺中營業部以及高雄營業部等。在中國大陸內地，一般會以一個省區來規劃，例如：成立山東營業部、山西營業部、四川營業部以及廣東營業部等。再來隨著公司業績需求壓力，或爲了精耕省區市場，營業部開始有設置辦事處的需

求，營業銷售組織層級出現了，銷售業務人數愈來愈多了，各項銷售管理的困難度也愈來愈大了。

9.4 銷售組織規劃的幾個思維

　　銷售團隊的組織規劃需要考慮的事項不少，例如：階段性銷售目標區域市場範圍如何擬定？多大的區域範圍設置一個營業部？一個營業部的組織人力如何配置？區域市場的儲運配送條件如何？臺灣區域市場範圍幅員不算太大，銷售團隊的組織規劃相對比較簡單。中國大陸區域市場範圍幅員廣闊，銷售團隊的組織規劃需要考慮的事項較多，除了上述問題之外，銷售團隊的業績需求問題、財務負擔問題以及人員管理問題等，都是需要考慮的重要事項。

　　以一個省的行政範圍設置省級營業部，省級營業部設置在省會城市，在省級營業部內設置一個營業所，省區內另外設置 1～2 個營業所或辦事處，這是最常見的省級營業部組織規劃基本模式。

　　省級營業部以省區的行政區域為藍圖，考量省區內地級市數量以及地級市之間的交通路線因素，初步研擬規劃省級營業部的組織雛形以及銷售業務人員配置數量。基本需要考慮下列事項：

1. 省級營業部內設置的營業所，負責省會城市與哪幾個地級市的市場拓展？其餘地區哪幾個地級市規劃成立一個營業所？省區內需要規劃成立幾個營業所？
2. 省會城市市場銷售潛力比較大，需要規劃幾位銷售業務負責拓展？
3. 每位銷售業務需要負責幾個地級市？
4. 每位銷售業務具體負責哪幾個地級市？
5. 哪些地級市的銷售業務應該規劃在營業所上班？
6. 哪些地級市的銷售業務應該規劃為駐區業務？

9.4.1 營業所不應該設置在經銷商公司內部

營業所是執行公司銷售政策的前進司令部與戰情中心，營業所是銷售業務同事之間分享工作經驗的地方，營業所更是銷售業務在外工作受到委屈挫折回來療傷再出發的地方。

以往有些企業可能基於某種原因考量，把營業所設置在當地經銷商公司內部。或者當地沒有設置營業所，規定駐區業務每天必須到當地經銷商公司打卡報到。如此一來，即使經銷商老闆為人謙恭又有禮，銷售業務畢竟是在他人屋簷下工作，況且經銷商也有該公司的銷售業務人員以及其他職能單位的人員，長時間下來，雙方都很難用平常心來執行對接銷售工作，這種規劃對企業有弊無利。

9.4.2 銷售業務駐區概念

開發區域經銷商組建經銷商隊伍是銷售業務的主要工作職責之一。通路拓展政策指導銷售業務應該如何開發區域經銷商？銷售業務需要在哪些區域開發經銷商？需要開發哪一類型的經銷商？不同類型的經銷商如何開發？如何組合？

銷售業務在完成經銷商開發之前，在區域市場內應該會有尋找、拜訪、洽談、評估、選擇等一系列的經銷商開發前置工作事項。

經銷商開發之後，銷售業務對經銷商有產品知識培訓、價格執行督導、鋪貨執行督導、訂貨與庫存管理溝通、銷售促銷辦法執行督導等工作事項。同時對區域市場競爭品牌的銷售資訊也需要有及時的蒐集與回輸，例如：銷售末端價格資訊、新產品上市資訊、促銷推廣活動資訊以及品牌產品銷售資訊等。

中國大陸每個省區幅員遼闊，省區內銷售業務集中在一起辦公，可能不是一項合理的規劃。負責距離省級營業部或營業所較遠地級市的銷售業務規劃為駐區業務，這是多數企業的省區銷售業務規劃模式。

駐區業務平時一個人在責任區域內工作，不管是住在自己家裡或公司給予租賃住處，日常銷售管理是一大難題。駐區業務本人必需要有較強的自我管理意識，否則就會像一般傳說的那樣，一百種管理辦法也沒有辦法管死一

位有心作怪的駐區業務。以往銷售管理經驗告訴我們，駐區業務兼職、兼差的現象特別多。駐區業務的日常管理無法只靠管理制度，銷售主管必需利用個人的領導方法與領導魅力來彌補管理制度層面的不足。

9.4.3 銷售主管兼區概念

所謂銷售主管兼區概念是指，銷售主管自己也兼任一個銷售區域，負責拓展與經營該區域市場。銷售主管兼區可以累積個人市場銷售經驗，有利於管理與輔導銷售業務人員拓展與經營區域市場。

哪些層級的銷售主管合適兼區，可以依據階段性的管理需求而做調整。如果以一個包含營業所、省級營業部與銷售大區的三級銷售組織為例，以下的兼區概念可以給大家作為參考。以中國大陸區域市場為例，營業銷售團隊至少可以減少 20～30 位左右的中高階銷售主管編制。

1. 營業所主管，兼任一個地級市的區域市場銷售業務。
2. 省級營業部經理，兼任設置在省級營業部內營業所的營業所主管職務。
3. 銷售大區總監，兼任銷售大區所在省區的省級營業部經理職務。

9.5 省級營業部組建規劃

以省區為單位規劃成立省級營業部是目前營業銷售團隊組建的主流模式。

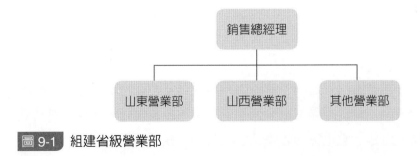

圖 9-1 組建省級營業部

9.5.1 第一階段不設置營業所

1. 先設置省級營業部辦公地點。
2. 銷售業務以每人負責 1 個地級市為原則（非絕對原則）。
3. 如果採用廣耕粗耕策略，重點地級市組織編制一位銷售業務負責 1 個地級市，其他地區每位銷售業務負責 2～3 個地級市（非絕對原則）。
4. 某些非階段性重點拓展的省區，省級營業部可以暫時不設置固定辦公地點。營業部規劃為「無固定辦公室」的營業部，營業部經理駐區採用走動式管理。隨著營業部銷售業績成長到一定銷售金額以後，才在省會城市選定辦公地點，成立有「固定辦公室」的常規型營業部。

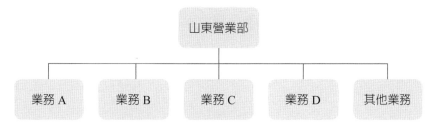

圖 9-2 第一階段不設置營業所（以山東省為例）

表 9-1 山東省銷售業務責任區域規劃

業務	責任區域	銷售業務編制
A	濟南市、萊蕪市	1
B	德州市、聊城市	1
C	濱州市、東營市、淄博市	1
D	濟寧市、菏澤市、泰安市	1
E	臨沂市、棗莊市	1
F	濰坊市	1
G	青島市、日照市	1
H	威海市、煙臺市	1

9.5.2 第二階段設置營業所

1. 隨著營業部銷售業績成長，合併幾個地級市成立營業所，營業所組織編制所長。

2. 如果品牌產品具有較強的市場競爭能力，企業期望能夠較快速的拓展市場，除了銷售業務之外可以增加市場拓展業務編制，組織編制模式參考如下：

   • 省區內經濟較富裕的重點地級市組織編制一位區域銷售業務。

   • 為區域經銷商招募市場拓展業務，階段性協助經銷商快速拓展銷售末端。

   • 市場拓展業務的薪資由企業給付，銷售獎金由經銷商給付。

   • 市場拓展業務日常由銷售業務指揮管理，組織編制為經銷商公司業務。

   • 市場拓展業務階段性任務完成後，擇優轉任為企業或經銷商的銷售業務。

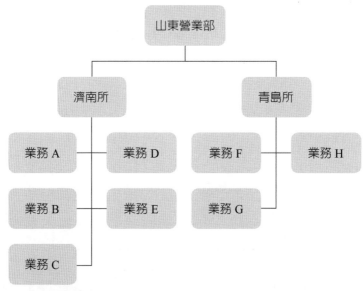

圖 9-3　第二階段設置營業所

9.5.3 第三階段編制 KA 業務與特通業務

通路拓展政策如果規劃 KA 系統通路爲公司直營，基於 KA 系統與一般經銷商的作業模式不太一樣，營業部就有組織編制 KA 系統通路的銷售業務需要。

KA 業務編制需要考慮 KA 系統商的作業模式，有些 KA 系統商是採用省區集中簽約制度，有些是採用單店簽約制度，所以 KA 業務編制模式可以配合彈性運用，編制在省級營業部或營業所。

學校、醫院、監獄、車站、機場、風景區、高速公路，這些封閉通路可能需要有些交情或關係才比較容易進入。封閉通路進入以後幾乎沒有其他的競爭品牌，一般末端單點的銷售業績金額也可能較大，營業部可以考慮編制封閉通路銷售業務。一般負責開發封閉通路的銷售業務稱之爲特通業務。

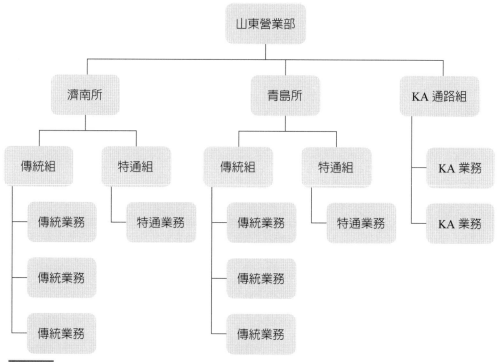

圖 9-4　第三階段編制 KA 業務與特通業務

9.5.4 第四階段編制管理職能單位

　　省級營業部區域市場拓展到一定階段後，省級營業部應該可以編制管理職能單位，協助營業部經理經營市場與管理銷售團隊，例如：

1. 人事行政、財務會計等管理職能單位。
2. 銷售管理、儲運配送等管理職能單位。
3. 編制初期，管理職能單位的人員可以採用一人同時擔任幾項職能工作的混合搭配模式編制。

9.6 營業銷售大區組織規劃

1. 大陸幅員遼闊並且存在著消費習性以及消費偏好的區域性差異
   市場拓展經營到了某個階段，營業銷售組織規劃應該關注到這些問題的存在。
2. 規劃成立營業銷售大區，管轄幾個省級營業部
   營業銷售大區就像獨立的子公司，需要編制營業銷售以外的管理職能部門。例如：人事行政、財務會計、銷售推廣（行銷企劃）、儲運配送等職能部門。
3. 管理職能部門編制
   管理職能部門的組織編制，應該考慮企業總部、營業銷售大區以及省級營業部三級組織之間的管理運作模式，管理職能部門應該如何配套設置也是個重大的組織議題，重疊架屋反而會影響組織層級之間的溝通與管理運作。
4. 如果營業銷售大區已經組織編制管理職能部門，省級營業部組織編制就應該回歸為單純的營業銷售組織編制模式，不要再組織編制管理職能單位。
5. 管理職能部門的隸屬關係
   企業總部與營業銷售大區的管理職能部門隸屬關係，可以有不同隸屬規劃。
   - 營業銷售大區的管理職能部門可以規劃由營業銷售大區主管直接管轄，也可以規劃隸屬企業總部職能部門主管直接管轄。
   - 大區管理職能部門的專業職能工作可以規劃隸屬企業總部職能部門主管直接管轄，但是部門人員的日常管理應該由營業銷售大區主管統籌管理。

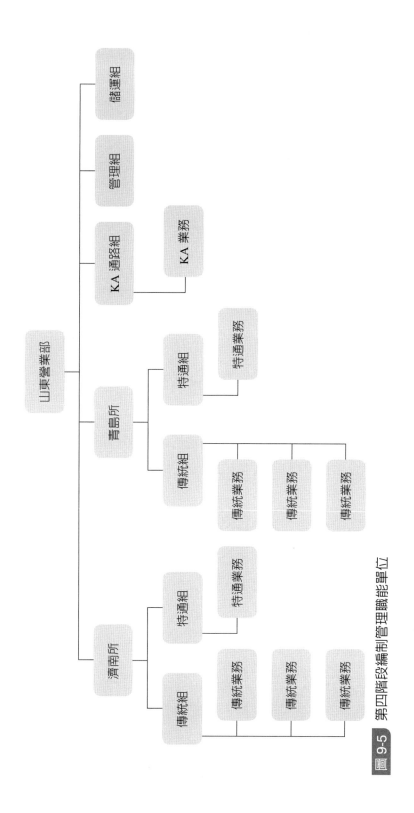

圖 9-5 第四階段編制管理職能單位

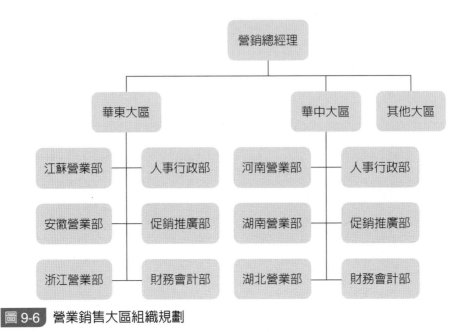

圖 9-6 營業銷售大區組織規劃

9.7 章節小結

　　營業銷售團隊有三項基本銷售任務：拓展區域市場組建經銷商隊伍、執行公司營業銷售政策以及銷售公司產品達成公司交付的銷售業績目標。營業銷售團隊組建之後，銷售組織可能（或應該）基於下列事項而需要調整銷售組織。

1. 銷售團隊的銷售業績狀況。
2. 市場通路的拓展策略調整。
3. 新品類產品上市拓展需求。
4. 因應 KA 系統的運營政策。
5. 因應團隊組織人事的調整。

附件

1. 附件 9-1，營業部職務職稱規劃表。

附件

附件 9-1　營業部職務職稱規劃表

職級職等	營業部			
	主管級	非主管級	基本年資	重點工作說明
10	行銷中心總經理	—	個案	綜管行銷中心（企劃、銷售、營管）的最高行銷主管
～	（略）			
7	總監（大區總監）	—	個案	負責一個大區（2～3 個省區）的總監級銷售主管
6	經理（省級經理）	—	個案	負責一個省區的省級銷售主管
5	區域經理（所長）	—	內升	分管一個營業所的銷售主管
4	業務經理	—	內升	不帶團隊的銷售主管，個人需要負責市場拓展銷售工作
				儲備營業所所長人選
3	客戶經理		3 年以上	不帶團隊的銷售主管，個人需要負責市場拓展銷售工作
2	—	業務人員	2 年以上	負責開發管理區域經銷商的業務工作
1	—	助理業務	2 年以上	協助業務人員管理區域經銷商的業務工作

一、行銷管理體系架構

行銷管理循環（Marketing Plan-Do-See Cycle）將行銷管理劃分為三大區塊的管理職能，這三大區塊的管理職能可以作為行銷管理體系架構的思維，同時亦可以作為行銷團隊組織規劃的參考依據。

三大管理職能：Plan（行銷、企劃）、Do（營業、銷售）、See（營管、銷管）。

行銷組織團隊：Plan（行銷企劃團隊）、Do（營業銷售團隊）、See（銷售管理團隊）。

行銷管理體系：行銷管理、銷售管理、通路管理。

圖 9-7　行銷管理體系架構

二、學者專家對銷售管理的定義

美國銷售管理專家查爾斯‧M‧富特雷爾（Charles M. Futrell）定義：銷售管理是通過計畫、人員配備、培訓、領導以及對組織資源的控制，以一種高效的方式完成組織的銷售目標。

美國印第安那大學的達林普（D. Dalrymple）教授定義：銷售管理是計畫、執行及控制企業的銷售活動，以達成企業的銷售目標。

中國中央財經大學安賀新教授認為銷售管理職能包括：制定銷售規劃、設計銷售組織、指導與協調銷售活動以及控制銷售活動。

三、銷售管理的輪廓描述

　　參考以上學者專家對銷售管理的定義，個人依據多年的企業服務經驗，給予銷售管理一個輪廓描述。個人認為銷售管理的主要內容可以劃分為四大部分：銷售組織規劃、銷售人員培訓、銷售活動規劃以及銷售活動管控。

　　其中所謂的銷售活動規劃包含銷售組織規劃與銷售人員的培訓，以及其他種種的行銷策略辦法、行銷制度辦法以及各項促銷推廣辦法的規劃。而所謂的銷售活動管控，我們可以有以下層面的看法：

1. 對各項銷售活動執行進行管理，我們可以稱之為銷售管控、銷售管理，或稱之為行銷稽核（非財務稽核）。

2. 當我們言稱銷售管控或銷售管理的時候，它比較偏向銷售執行單位對自己工作事項的自我管理，或者是銷售上級單位對銷售執行單位的督導管控。

3. 當我們言稱行銷稽核的時候，它指的是，由公司組織不相隸屬的另一個單位，例如行銷稽核單位，來查核銷售單位對銷售活動的執行狀況。

四、銷售活動與銷售管理

　　企業經營以創造營收為最基本目標，企業經由產品銷售或提供服務，產生營業收入達成企業經營目標。所以我們可以這樣認為：

1. 銷售活動：企業為達成其經營目標，銷售產品或提供服務，從銷售產品產生營收到貨款回收的各項活動，稱之為銷售活動。

2. 銷售管理：企業為達成其經營目標，研擬規劃種種的銷售活動，企業針對這些種種銷售活動所研擬規劃的管理，稱之為銷售管理。

Chapter

10

市場通路政策與銷售組織

10.1 市場通路相關名詞（中國大陸內地通路）

1. 三級城市：省會城市／地級市／縣級市。
2. 通路主體：品牌廠商／經銷商／銷售末端。
3. 通路類型：傳統型通路／現代型 KA 通路／封閉型通路。
4. KA 通路：量販店／大賣場／連鎖便利店／連鎖超市／百貨商場。
5. 新型通路：網路電商／無人商店。
6. 通路經營：直營／經銷。

表 10-1 2016 年中國大陸快速消費品市場通路別出貨金額占比

通路類型	線上電商	現代型通路	傳統通路
市場零售總額	¥3.2 萬億元		
通路別出貨金額占比	9.1%	41.6%	49.3%

資料來源：中國產業信息網（2017）。

10.2 市場通路政策層面思維

1. 目標市場選定
- 選擇幾個省分作為目標市場？還是各省分同時一起拓展？
- 目標市場是否需要再規劃區分為精耕省區與粗耕省區？

2. 市場通路經營政策
- 採用公司直營政策？採用經銷政策？
- 依據通路性質，採用直營與經銷的混合搭配政策？

3. 區域經銷政策
- 採用省級經銷制度？還是地級經銷制度？還是縣級經銷制度？
- 採用區域單一經銷制度？還是區域複式經銷制度？

4. KA 系統經營政策

- 先有選擇性、有計畫性的進入幾個 KA 系統？還是階段性暫不進入 KA 系統？
- KA 系統，採用公司直營政策？還是開放由區域經銷商進場經營？
- KA 系統與傳統通路由區域經銷商經營？還是選擇由不同經銷商分開經營？
- KA 系統，由省級營業部負責經營？還是公司設置 KA 系統部門負責經營？

10.3 通路政策與銷售組織

通路政策影響到銷售組織編制。

10.3.1 城市拓展組：城市拓展業務

當年康師傅曾經有過某些階段性的通路拓展政策。當時通路拓展政策規定，省會城市所在的營業部組織編制城市拓展業務組，針對城區內的火車站、汽車站、機關學校、旅遊景點、大型社區等人口較集中區域，直接開發這些區域附近的零售商店。城市拓展業務開發零售商店所接到的銷售訂單，轉交給各自區域內的經銷商，由經銷商進行出貨以及維護與零售商店的關係。

在此通路政策之下，省會城市所在的營業部增加「城市拓展組」的組織編制。城市拓展組編制，城市經理 1 人，城市拓展業務若干人。

圖 10-1 省會城市在的所營業部編制城市拓展組

10.3.2 營業部：編制 KA 通路業務

省會城市內的 KA 系統，量販店、大賣場、百貨商場、連鎖便利店、連鎖超市等系統逐漸增多，市場上逐漸產生了一批以經營 KA 系統為主要目標的經銷商。經銷商群體逐漸分為兩大類型，傳統通路型經銷商與 KA 系統型經銷商。

當然 KA 系統型經銷商也會同時經營拓展傳統通路渠道，而傳統通路型經銷商也會選擇進場某些 KA 系統經營，只是彼此通路經營重點有所側重而已，在完全開放的市場通路經營壁壘並沒有那麼明顯。

如果公司對 KA 系統採用直營政策，基於 KA 系統與傳統經銷商兩者的作業模式不太一樣，營業部可能就有組織編制 KA 系統業務單位的必要性了。

10.3.3 營業部：編制特通業務

封閉通路渠道或稱之為特殊通路渠道。學校、醫院、監獄、車站、機場、風景區、高速公路，這些通路渠道好像都有進入的潛規則，經銷商可能需要和這些通路的經營者有些交情或關係才比較容易進入。一般稱負責開發封閉通路渠道或特殊通路渠道的銷售業務為特通業務。

封閉通路渠道進入以後，相對的幾乎沒有其他同類的競爭品牌產品，每月業績產出金額也相對的比較穩定，而且這些區域場所比較有空間可以規劃產品陳列排面或作堆頭展示，有助於品牌知名度的提升。所以開發這些封閉通路渠道，營業部就有組織編制特通業務的必要性。

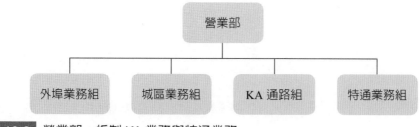

圖 10-2 營業部：編制 KA 業務與特通業務

10.4 KA 系統商運營模式變革

個別 KA 系統商的運營模式也與時俱進的在變革中。大約在 2013 年左右，某家國際型量販集團對供貨品牌廠商的運營模式做了以下的管理改變：

1. 該系統直接與品牌廠家簽約供貨及結賬。

2. 該系統將市場分為六個區域收貨中心，品牌廠家按區域指定區域經銷商供貨。

　　• 品牌廠家指定的區域供貨經銷商必須經過該系統認可。

　　• 品牌廠家變更區域供貨經銷商也必須經過該系統認可。

3. 該系統的日常業務運作，例如：訂貨、驗收、退貨、即期品處理、不良品處理等，該系統直接與供貨品牌廠商對接，品牌廠商再與其區域經銷商對接。

　　該系統商的運營模式變革，直接衝擊到供貨品牌廠商的銷售組織與銷售管理等層面的眾多問題。供貨品牌廠商的銷售組織有隨之調整的必要性，而且對接該系統商運作的組織層級也需要提高。概略說明在此期間，兩肇之間的相對應措施以及變化情形如下：

1. 該 KA 系統商（以東北三省為例）

　　• 該系統商的東北區域收貨中心（又稱之為統倉）設在大連市。

　　• 東北統倉負責配送遼寧、吉林與黑龍江等三個省區內約 30 家該系統的零售末端店面。

2. 某家供貨品牌廠商（以東北三省為例）

　　• 企業總部成立 KA 市場部，統籌負責對接該系統的大陸市場通路經營。

　　• 六個區域收貨中心所在的營業部編制 KA 業務人員。

　　• 指定大連市的某家經銷商為東北區域供貨經銷商。

3. 變革對接結果

　　• 各種銷售管理問題叢生，該供貨品牌廠商在該系統的業績大幅下降。

　　• 該系統商由大連市某家經銷商供貨，該系統約有 30 多家零售末端店面分布在黑龍江、吉林與遼寧省的三個省區內，該系統的銷售業績如何劃分？

- 該系統的 30 多家零售末端店面的日常管理由誰來管理與維護？大連
市經銷商無力維持那麼大區域市場的零售末端店面管理與維護。供貨
品牌廠商各區域經銷商基於對零售末端店面作業的各項問題沒有明確
對口，是直接對接該系統的地區零售末端店面？還是對接大連市經銷
商？還是對接公司市場部？最後導致各項銷售管理問題叢生？

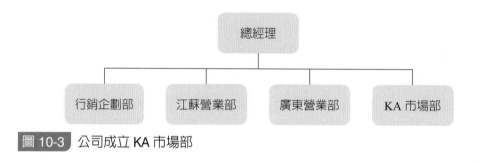

圖 10-3 公司成立 KA 市場部

10.5 產品群銷售組織規劃思維

　　公司基於產品在通路上的銷售業績狀況（市場占有率），或基於個別產
品品類的市場定位不同（定位拓展某特殊目標族群或某特殊通路），或基於
賦予某些產品的市場任務使命不同（定位拓展某價格區間市場），有時候可
以策略性考慮規劃成立不同的銷售組織負責不同品牌產品、產品群或產品類
別的銷售。

　　產品群可以以品牌劃分，也可以以大品類產品來劃分。銷售組織可以是
階段性的組織任務編制，也可以是常態型的組織編制。有關產品群銷售組織
研擬規劃概念說明如下：

1. 主要銷售業績來源的主力產品群
- 要求銷售團隊專注在主力產品群的產品銷售。
- 確保主力產品群的市場占有率以及銷售業績持續成長。

2. 銷售業績不佳的產品群
- 銷售業績不佳的產品群，規劃由新的銷售組織來拓展市場重新出發，要
求新的銷售組織激活市場提升銷售業績。

- 調整通路政策、經銷商或推廣政策,調整各項行銷政策配合。

3. 新上市的產品

- 如果新上市產品的產品屬性、目標群體、通路選擇或產品銷售技巧
  等,與公司現在的產品不完全相同。
- 如果現在的銷售團隊負責的產品種類品項較多,可能無法照顧好新上市
  產品的市場拓展。
- 如果新上市產品需要組建新的經銷商團隊,或需要拓展新的通路渠道。
- 基於上述的原因,研擬規劃成立新銷售團隊負責新上市產品的業務銷
  售。

10.6 產品群銷售組織成功案例分享

　　早年本人曾經任職臺灣新力股份有限公司,臺灣新力公司是生產製造與經銷代理銷售日本 SONY 品牌產品的家電廠商。企業集團擁有新力、新記與新格等三家公司。新力公司負責電視機、攝像影機與音響等系列產品銷售;新記公司負責專業攝像器材 ITV 與 CCTV 等系列產品銷售;新格公司是一家製作與銷售唱片的事業公司。

　　70 年代,日本 SONY 公司推出 BETA 系統錄放影機。錄放影機產品順理成章的由新力公司的銷售團隊負責銷售推廣。當時期臺灣家電市場,新力公司家電銷售團隊的市場戰鬥力非常強,經銷商隊伍也非常優秀,但是錄放影機的銷售業績卻一直沒有較好的成長,銷售業績遠遠落後於主要競爭品牌 National 國際牌 VHS 系統錄放影機。

　　新力公司商品課(即行銷企劃單位),針對錄放影機市場拓展也推出一系列的廣告與促銷辦法,例如:設定錄放影機的銷售目標、產品銷售獎勵、產品特別贈品、銷售臺數獎勵、店頭展示陳列獎金、車廂廣告與電視廣告等,但是錄放影機的銷售業績卻仍然未見有好轉。

　　後來集團高層調整行銷策略,錄放影機產品調整由新記公司負責銷售。新記公司重新組建新的行銷企劃團隊、新的營業銷售團隊、新的通路拓展策略、新的行銷推廣模式、新的銷售管理模式,在新的行銷團隊群策群力之下,在短短一年期間左右,BETA 系統錄放影機的銷售業績,由原來每月

約新臺幣六百多萬的銷售業績，提升到每月新臺幣一億以上的銷售業績。

這裡面當然有許多成功關鍵因素，但是主要成功關鍵因素應該是集團高層決策成功，調整規劃新的行銷團隊來銷售 BATA 系統錄放影機產品群。在如此調整產品群經營一段時間之後，集團高層又把 BATA 系統錄放影機產品群的銷售業務調整劃歸回到新力公司，SONY 家電產品群與 BATA 系統錄放影機產品群又回歸到新力公司的銷售團隊銷售。當年個人有幸參與這場 BATA 系統與 VHS 系統的錄放影機戰役，至今都還覺得與有榮焉的有幾許驕傲。

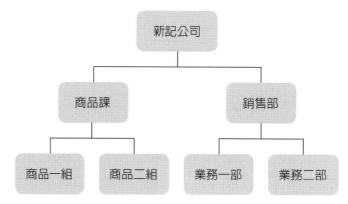

圖 10-4 新記公司產品群銷售組織編制

新記公司產品群組織說明：

1. 商品課：即行銷企劃單位，一組負責 ITV 與 CCTV 的產品企劃，二組負責錄放影機的產品企劃。
2. 銷售部：業務一部負責 ITV 與 CCTV 產品，業務二部負責錄放影機產品。

10.7 通路產品群概念

不同類型的通路對於產品品類、產品價格帶、產品包裝形式與產品包裝重量等產品要素有不同的需求與選擇。傳統銷售通路、大賣場系統通路與便利系統通路這三大通路類型對產品品項的選擇是略有所不同的。

大賣場系統賣場面積較大，如果品牌廠商品項產品數量太少，除了產品

陳列無法吸引消費者注意之外，只依靠少數幾個品項產品的銷售利潤來承擔系統費用，經銷商或品牌廠商的進場經營困難度將會增加。

　　便利系統商店經營面積較小，產品品項選擇偏向品牌知名度高、產品動銷率高的小包裝產品品項，而且單包品項價格也不能太高。

表 10-2　通路產品進場規範要求

通路類別	傳統通路	大賣場	便利系統
賣場面積	一般	大	小
產品品項需求	一般	多	少
產品動銷率要求	中	中	快
產品包裝大小	沒有要求	大小包裝均可	偏向小包裝
產品單價	沒有要求	沒有要求	不能太高

　　品牌廠商的產品策略，必須滿足不同通路類型對產品品項的需求與選擇，提升品牌產品進入通路銷售的機會點。

1. 品牌廠商必需提供不同類型通路需求的產品品項。
2. 品牌廠商提供不同類型通路產品品項需要有足量性。

10.8 章節小結

　　產品群組織觀念是否是誤區，以下幾個問題值得進階探討：

1. 兩組銷售團隊對相同的一家經銷商銷售公司不同產品，組織是否重疊浪費？
2. 兩組銷售業務面對同一家經銷商，經銷商是否會無法適從？
3. 兩組銷售業務面對同一家經銷商，銷售業務是否會為業績爭搶經銷商資金？

　　其實狀況是：

1. 銷售業務習慣傾向銷售好賣的產品……。
2. 經銷商也習慣傾向銷售好賣的產品……。

Chapter

11

通路衝突與區域經銷制度

11.0 章節前言

- 通路衝突與區域經銷制度有一定的關聯性。
- 章節先談通路衝突問題，再談區域經銷制度。
- 品牌力較強的廠商，可以經由區域經銷制度解決大部分的通路衝突問題。

11.1 通路權力與衝突

11.1.1 通路權力

何謂權力？有位學者專家說，如果 A 有能力趨使（迫使、控制）B 去完成本來 B 不會（不願）做的事，我們可以說 A 對 B 有權力（Dahl.，1957）。

另外一位學者專家說，權力來源有六大類：獎賞權、強制權、法定權、專家權、參考權與資訊權（Gary Yukl，2013）。

後來權力的概念運用到行銷通路上，通路權力意指某一通路成員運用其影響力（資源）去改變另一通路成員的行為，以利於其（有權者、施壓者）通路目的達成的一種能力（或權力）。

行銷通路是一種組織或個人的結合，對產品的生產者與使用者之間進行必要的銜接活動，以達成行銷之目標（William O. Bearden 等三人，2008）。透過通路權力運用，品牌廠商對其組建的通路成員，會考慮採用善意方式以建立彼此合作關係，期望能在互相信任以及支持之下，使得彼此關係連結更緊密，共同經營拓展區域市場。一般品牌廠商通路權力的運用是利用各項政策制度辦法來行使。品牌廠商常用的通路政策制度辦法，如表 11-1 說明。

表 11-1　品牌廠商常用的通路政策制度辦法

通路權力（例）	政策制度辦法（例）
強制權	• 經銷合約簽定　• 經銷合約取消 • 經銷區域範圍　• 通路價格執行
獎賞權	• 經銷商年度銷售目標達成獎勵 • 經銷商出貨獎勵（例如 10 ＋ 1 搭贈）
專家權＋獎賞權	• 經銷商銷售業務培訓

11.1.2 通路衝突

　　何謂通路衝突？為什麼會有通路衝突產生？簡單說是因為經銷權益或銷售利益所產生的衝突。本章節我們從品牌廠商的角度來探討這個問題。

　　經銷商在未與品牌廠商簽訂經銷合同之前，是通路上的批發商成員之一。在與品牌廠商簽訂經銷合同之後，該批發商就變成是該品牌廠商的經銷商之一。當然，如果該批發商經銷數家品牌產品，同時與數家品牌廠商簽定經銷合同，該批發商就同時是數家品牌廠商的經銷商。

　　品牌廠商與批發商，彼此在通路上的關係也因為簽訂了經銷合同而產生了變化，彼此之間可能會因為經銷權益或銷售利益產生衝突，我們稱此類的衝突為通路衝突。以下我們選擇幾項常見的通路衝突問題來研討。

11.2 常見的通路衝突問題

11.2.1 經銷區域（區域範圍）

　　經銷商的前身是批發商，在簽訂合約成為某家品牌廠商的經銷商之前，應該已經「經銷」（與品牌廠商簽訂經銷合同）或「銷售」（沒有訂經銷合同）一些品牌產品。該批發商應該已經經營區域市場多年，也建立了自己的銷售區域範圍與銷售通路渠道。其中，該批發商「經銷」與「銷售」的各品牌產品的銷售區域範圍可能也不會完全重疊一致。

　　品牌廠商在開發經銷商的那個時期，公司的行銷通路拓展政策公告在前，銷售業務開發經銷商在後。所以銷售業務在與經銷商洽談經銷合同的時

候，公司劃分的經銷區域範圍與洽談經銷商目前的銷售區域範圍，往往會有所不盡相同，所以經銷區域範圍往往是需要雙方溝通的一項重要議題。

表 11-2 經銷區域主要衝突原因

銷售業務主要考慮議題	經銷商主要考慮議題
• 公司通路政策規定的區域經銷範圍 • 經銷商目前通路的涵蓋區域 • 經銷商的拓展能力與配送能力範圍	• 目前拓展的銷售區域範圍 • 基本上希望經銷區域範圍愈大愈好 • 經銷區域必須獨家經銷

11.2.2 經銷通路渠道（經銷或直營）

　　品牌廠商為有效的經營開發區域市場，行銷通路拓展政策對區域內的通路開發會有相關規定。品牌廠商的某些通路政策，可能會與區域經銷商產生衝突，雙方溝通如果未能達成共識，市場通路經營衝突隨之產生。

• 品牌廠商會規劃某些通路渠道由公司直營，例如：某些 KA 系統與某些特殊通路。這些通路渠道的市場產值一般會比較高，雙方可能會有市場利益衝突產生。

• 經銷區域內尚未開發的空白區域，品牌廠商會要求經銷商必需進行開發。這時候經銷商可能需要現有業務人員、配送車輛以及後勤管理能力等事項，再做調整或重新調配，雙方可能會有區域市場拓展方面的衝突。

• KA 系統的進場費用以及進場後的經營費用較高，品牌廠商對 KA 系統的補助政策如何？雙方溝通如果未能達成共識，可能會有市場通路經營衝突。

11.2.3 經銷品牌與經銷品項

　　某些大型品牌廠商可能擁有幾個產品品牌或有較寬較廣的產品線，因此或基於個別產品定位，或基於賦予某些產品的市場任務，或基於產品屬性通路的不同，可能會有不同的經銷策略。

• 品牌廠商擁有幾個產品品牌，經銷政策是以產品品牌尋找經銷商。

• 某品牌可能產品品類較多，而且產品品類的屬性差異較大，例如：同一品

牌包含烘焙系列產品與豆製品系列產品，公司經銷政策可能會以產品品類尋找不同的經銷商分別經銷。

11.2.4 經銷競爭品牌產品

品牌廠商如果是該類產品的領導品牌而且在通路上具足夠大的銷售量，在此兩種狀況之下，為避免經銷商同時經銷競爭品牌產品，使得競爭品牌產品有機會隨著公司產品通路往下滲透銷售，品牌廠商可能會明定「排他條款」的通路政策，禁止經銷商銷售同類的競爭品牌產品。

其次，或者品牌廠商雖然不是該品類產品的領導品牌，但是在市場上也具有高知名度與美譽度。品牌廠商期望其經銷商能夠全力銷售推廣該公司產品，雖然沒有明定「排他條款」的通路政策，但是可能制定各項獎勵政策，要求其所屬經銷商不得經銷競爭品牌產品。

11.2.5 銷售同類品類產品

某經銷商經銷代理甲品牌方便麵產品，或基於方便麵產品的市場銷售潛力較大，因此該經銷商就自己生產，或以貼牌模式自創乙品牌方便麵產品銷售。因此該經銷商與品牌廠商之間就產生了銷售同類產品的衝突。

11.2.6 即期品處理

某些品類產品的保質期不長，例如方便麵的保質期大約是半年。以 KA 系統為例，自廠商生產到 KA 系統零售店上架銷售的流程是很長的，而且各零售店的銷售數量無法準確預估，所以通路即期品產生是無法完全避免。因此，即期品的處理亦是常見的衝突問題之一。

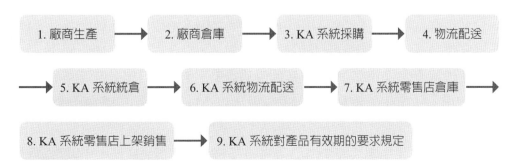

圖 11-1　KA 系統採購到上架銷售流程

傳統通路的流程一般也很長，尤其是有二批的銷售通路。

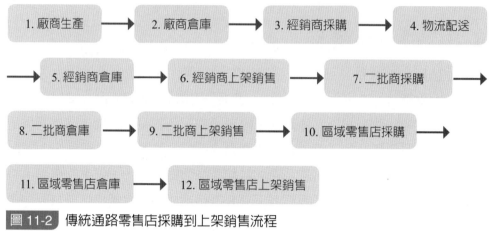

圖 11-2 傳統通路零售店採購到上架銷售流程

11.2.7 越區串貨

越區串貨的原由有許多，以下是常見的幾項原由。

- 經銷商一般需要經銷代理幾家品牌廠商產品銷售。
- 每家品牌廠商的經銷區域不可能完全一樣。
- 有可能是二批商將品牌產品銷售到非經銷商的經銷區域。
- 經銷商為解決其庫存即期品，越區串貨到非其經銷區域。
- 經銷商之間的生意場上恩怨情事。

11.3 區域經銷制度緣起

- 通路組合鐵三角：品牌廠商、經銷商、銷售末端店家。
- 快速消費品行業進入門檻不高，通路上的各階通路成員、品牌廠商、批發商（經銷商）與零售業者（銷售末端店家），均多如過江之鯽。
- 大陸快速消費品市場約有 680 萬的零售店家，店家數目眾多廣泛分布在各級市場。品牌商在面對零售店家分散，以及自家產品在單點零售店家銷售量不高的情況之下，必須積極尋找合適的通路經銷夥伴來拓展區域市場。（2016 年中國大陸快消品市場約有 680 萬的零售店家，中國產業信

息網，2017）

- 中國大陸市場約在 1980～1990 年間，快速消費品類的批發商基本上逐漸聚集在批發市場，各省省會城市批發市場的暢貨功能非常強大。當時期的批發商大部分是「坐批」批發商，具有「行批」能力的批發商較少。而所謂有「行批」能力的批發商也只是有車輛、有配送能力而已。批發商在如何管理業務人員以及如何有計畫性的開發市場銷售末端等方面都有待加強提升。

- 經銷商在還沒有與品牌廠商簽訂經銷合同之前，是通路上的批發商成員之一。在與品牌廠商簽訂經銷合同之後，該批發商就變成該品牌廠商的經銷商。

- 早年外商進入中國大陸市場初期階段，由於市場缺乏具有行批概念的批發商，外商企業基於本身品牌產品市場拓展需求，開始主動積極輔導其所屬經銷商有計畫性的拓展銷售末端網點，輔導模式為簽訂區域經銷合同，輔導經銷商有計畫性的拓展市場末端網點。

11.4 何謂區域經銷制度

　　何謂區域經銷制度？它是行銷通路政策的一項制度辦法。簡單的說，將區域市場規劃成為幾個經銷區域，每個經銷區域由一個專責的區域經銷商負責經營該區域市場。茲分享某家企業集團對區域經銷制度的幾個理念，說明如下：

- 每一個經銷區域選擇一家區域經銷商負責經營拓展該區域市場。
- 將區域經銷商視為營業銷售團隊的延伸團隊。
- 公司行銷策略易於貫徹至通路的行銷末端。
- 有利於計畫性的市場精耕與通路價格管控。

11.5 區域經銷制度規劃：過程分享

　　區域經銷制度的研擬規劃過程可能需要經過多次的內部會議修改調整，研擬規劃除了區域經銷制度本身之外，可能還需要包括實施經銷制度的目的為何？推行前的準備作業以及推行的步驟作業。茲分享某家企業集團當年研擬規劃推行區域經銷制度時候，部分內部研擬規劃溝通事項，如附件11-1。

　　附件11-1，區域責任經銷制度規劃溝通事項：

1. 區域經銷制度理念。
2. 區域經銷制度推行前準備作業。
3. 區域經銷制度與批發銷售模式的市場掌控比較。
4. 區域經銷制度推行步驟。

11.6 通路轉型設計：案例分享

　　在中國大陸內地，以地級市作為經銷區域劃分基礎是現在大部分品牌企業的做法。但是以當年（2000年）市場實際狀況，幾乎沒有一家批發商有能力覆蓋一個地級市以及其所屬縣級市的所有通路零售末端店家，省會城市的批發商就更不用說了。因此研擬規劃區域經銷商制度時候，經銷區域要如何劃分？經銷區域範圍要有多大？區域經銷商才有能力開發以及配送到所有通路零售末端店家？（區域範圍不能太大）？多大的經銷區域範圍才能夠吸引、養活或滿足一家批發商的需求？這些都是讓行銷企劃經理人頭大的議題。

　　當年某家企業集團（1998年）為了解決實施區域經銷制度的相關問題，該企業集團啟動了「通路轉型設計」專案。通路轉型設計分為先期工作與籌備期工作。兩項工作的主要項目內容，如表11-3說明。

表 11-3	通路轉型設計主要工作項目內容
先期工作	前階段作業：經銷區域劃分／確認需要評估選擇的經銷商數量
	後階段作業：尋找潛在經銷商／建立核心經銷商資料庫
籌備期工作	內部：經銷合同研擬／公司銷售業務培訓
	外部：直營店溝通／經銷商評估選擇／經銷商簽約

11.6.1 通路轉型先期工作

通路轉型先期工作又分為五項作業，茲將流程作業摘錄分享，如表11-4。

| 表 11-4 | 通路轉型先期工作 |

作業	作業項目	作業主要內容
1	普查零售店／批發商	• 建立區域內零售店／批發商資料庫
2	確認直營店	• 確認直營店：連鎖超市／大型百貨店／量販店／特殊通路／有盈利的零售店 • 建立直營店資料庫
3	劃分經銷區域／確認經銷商數量	• 城區：以零售店家數量以及預估經銷商收益，兩項因素劃分經銷區域 • 郊區郊縣：盡量以行政單位劃分
4	尋找潛在經銷商	• 從公司／競品／其他品牌優秀的經銷商中尋找 • 建立潛在經銷商名單
5	評估確認核心批發商	• 拜訪、評估、選擇批發商 • 建立核心批發商資料庫

備註說明：當年企業集團在全國各省分有許多直營店，例如：連鎖超市／大型百貨店／量販店／特殊通路／有盈利的零售店。在期望不影響這些直營店的業績狀況之下，直營店的轉型是件頭疼麻煩的事。

11.6.2 通路轉型籌備期工作

通路轉型籌備期工作，如表 11-5。籌備期工作又分為內部與外部，茲將內外部作業項目摘錄如下分享。

表 11-5　通路轉型籌備期工作

作業項目	作業主要內容
內部作業	• 研擬經銷商合同 • 公司銷售業務培訓
外部作業	• 直營店溝通（轉型或繼續直營） • 區域經銷商評估選擇 • 經銷商簽約 • 經銷商的銷售業務培訓

11.7 區域經銷權利保障

　　所謂經銷權利保障是指品牌廠商與經銷商簽訂經銷協議書，明確規定其經銷區域範圍、經銷產品品類以及雙方對彼此的承諾等事項。經銷協議書是品牌廠商對經銷商的承諾與保障，經銷商如果沒有違反品牌廠商的重大政策規定，經銷協議期滿之後經銷商有續約的優先權，品牌廠商不能隨意取消其區域經銷權。此項協議內容的主要目標有二：保障經銷商經銷權益以及提升經銷商對品牌廠商向心力的雙重目標。

11.8 經銷協議書：案例分享

　　群益食品股份有限公司經銷協議書（案例），如附件 11-2，是一家大型企業集團公司的案例，經銷協議書內容已作部分修改。該經銷協議書是該企業集團的第一版經銷協議書，後來因應通路拓展策略調整已經有多版的經銷協議書制定與實行。

　　茲將該經銷協議書的主要內容摘錄如下，另外摘錄經銷協議書中雙方對彼此的承諾事項，如表 11-6。
• 第一條：產品的種類與價格。
• 第二條：銷售區域範圍及銷售綜合指標。
• 第三條：訂貨付款和產品運送。
• 第四條：市場拓展與區域責任義務。

- 第五條：評估考核與獎勵。
- 第六條：本協議附件。
- 第七條：本協議書有效期間。
- 第八條：爭議仲裁法院。
- 第九條：協議書份數。

表 11-6 摘錄經銷協議書中雙方對彼此的承諾事項

群益公司對經銷商的承諾	經銷商對群益公司的承諾
• 經銷區域內獨家經營權 • 最佳供貨價格 • 免費送貨到經銷商倉庫 • 配備車輛、計算機（此項已刪除） • 協助招聘與培訓銷售業務人員	• 以公司盤價在經銷區域內銷售公司品牌產品 • 成立營業銷售團隊招聘銷售業務人員 • 對經銷區域內的所有銷售末端與二、三批發商定期主動積極拜訪以及送貨配銷 • 不應銷售競爭品牌產品以及假冒甲方商標專利之任何產品 • 不應擅自越區銷售 • 保證銷售目標、鋪貨目標的實現 • 提供公司所需要的商情表格

11.9 通路權力與衝突小結

- 本章節我們站在品牌廠商的角度來探討這個問題。
- 一般品牌廠商通路權力的運用是利用各項政策制度辦法來行使。
- 品牌廠商與其經銷商因為經銷權益或銷售利益產生衝突，我們稱此類的衝突為通路衝突。
- 從實務上來說，通路衝突都是可以經過事先的制度辦法規劃來規避衝突，或者事後的溝通協調來消除衝突。
- 品牌廠商會選擇性地以自身優勢能力透過權力來源影響其經銷商。擁有權力的品牌廠商在使用權力時，會優先考慮採用善意方式以建立彼此合作關係，期望能在互相支持及信任下，使得雙方獲益最大。

11.10 區域經銷制度小結

- 品牌廠商的通路權力源自於擁有品牌產品，品牌產品的通路競爭力愈強其通路權力就愈大。
- 許多通路衝突，例如：經銷區域、經銷通路、通路價格、即期品處理與越區串貨等，行銷企劃經理人可以藉由與經銷商的溝通，避免或解決這些衝突。
- 品牌廠商與經銷商簽訂經銷協議書，載明雙方對彼此的承諾等事項，區域經銷制度是解決通路衝突很有效的一項制度辦法。

附件

1. 附件 11-1，區域責任經銷制度規劃溝通事項。
2. 附件 11-2，群益食品股份有限公司經銷協議書（案例）。
3. 附件 11-3，經銷協議書附件（案例）。

附件

附件 11-1　區域責任經銷制度規劃溝通事項

1997 年度區域責任經銷制度規劃溝通事項（部分）

一、區域經銷制度理念

1. 明確經銷區域不能越區銷售的理念。

2. 區域銷售產品可能非全公司產品的理念。

3. 保障經銷區域以及區域銷售產品的理念。

4. 執行行銷通路盤價次序的理念。

5. 年度銷售目標要求的理念。

6. 執行公司行銷政策的理念。

7. 與公司集團一起成長的理念。

二、區域經銷制度推行前準備作業

1. 瞭解區域內行銷末端類型、數量及採購習性。

2. 瞭解區域內的重點批發商及其主要銷售區域。

3. 瞭解區域目前市場銷量與預估未來市場銷量。

4. 全系列產品或各別品牌區域經銷策略研擬。

5. 目前行銷通路盤價是否階段性調整之研擬。

6. 區域內現有行銷末端供貨配送方法規劃。

7. 區域經銷商應具備的基本條件研擬規劃。

8. 區域經銷商之評估選擇方法規劃。

9. 區域經銷商之合約書內容研擬規劃。

10. 區域經銷商之管理輔導模式研擬規劃。

11. 越區銷售管理辦法研擬規劃。

12. 其他相關辦法研擬規劃。

三、「區域經銷制度」與「批發銷售模式」的市場掌控比較

1. 批發銷售模式

(1) 銷售重疊地區競爭激烈，批發商可能削價競爭。

(2) 獨家批發區域，批發商可能提高價格犧牲銷售量賺取超額利潤。

(3) 容易產生三不管地帶，致使該區域行銷末端無人開拓。

(4) 潛在的越區銷售問題存在，市場次序不易管理。

(5) 知某個地區鋪貨率不好，但不知道該找哪家批發商負責鋪貨。

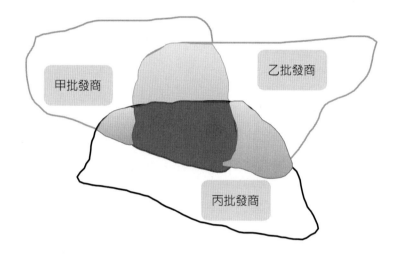

2. 區域經銷制度

(1) 劃分後的每一個經銷區域由一家區域經銷商負責拓展。

(2) 有利於推行市場精耕以及通路價格管控。

(3) 公司行銷政策易於貫徹至行銷通路末端。

A 經銷區域	B 經銷區域
a 經銷商	b 經銷商
C 經銷區域	D 經銷區域
c 經銷商	d 經銷商

四、區域經銷制度推行步驟（該集團有七家區域公司）

1. 各公司先行選定某些主要區域，作為區域經銷制度的先行推行區域。

2. 考量下列原則，將選定區域規劃為若干經銷區域。

   (1) 劃分後的每一個經銷區域的市場銷售量，是否足以支撐一個區域經銷商應
       該有的銷售利潤。

   (2) 劃分後經銷區域內行銷末端的採購習性及相對應的實體配送特性。

3. 依據區域經銷商應具備的基本條件，公司內部預選某些有潛力的經銷商作為
   未來可能的區域經銷商。

4. 公司內部先行對預選的經銷商評估，是否合適作為該經銷區域的經銷商。

   (1) 評估經銷商的經營理念、財務能力、倉儲配送能力以及業務銷售能力等。

   (2) 依據區域經銷商之評估選擇方法評鑑選定。

5. 先行內部推演，如選定某家經銷商作為某區域的區域經銷商後，相關市場作
   業可能發生的變化及應變措施。

   (1) 該區域內現有的其他批發商如何處理？

   (2) 區域外的批發商如果越區銷售到該區域時，應該如何處理？

   (3) 如何預防區域內、外批發商聯合惡性倒貨削價競爭產生通路盤價失控。

   (4) 該區域經銷商對目前尚末拓展區域的行銷末端如何拓展？拓展後如何配
       送？如何告知行銷末端以後的供貨採購途徑？

   (5) 如何確保區域銷售量？如何提升區域銷售數量？如何維持通路盤價次序？

6. 與選定的區域經銷商洽談公司推行區域經銷制度的理念及決心。

   (1) 告知公司區域經銷制度的作法。

   (2) 告知區域經銷制度的權利義務。

   (3) 告知擬委銷的產品系列及通路價格。

7. 區域經銷商之管理輔導推行。

   (1) 區域經銷商的業務單位組織規劃輔導。

   (2) 區域經銷商的業務單位儲運作業輔導。

   (3) 區域經銷商的區域業務拓展模式輔導。

   (4) 區域經銷商的業務單位銷售管理輔導。

   (5) 其他相關作業規劃輔導。

8. 區域經銷合約正式簽定。

9. 區域經銷制度正式推行。

附件 11-2　群益食品股份有限公司經銷協議書（案例）

群益食品股份有限公司經銷協議書

立協議書人：群益食品股份有限公司（以下簡稱甲方）

立協議書人：＿＿＿＿＿＿＿＿＿＿＿（以下簡稱乙方）

茲因乙方對甲方公司產品的認知，願意誠信合作，加入成為甲方的區域經銷商，共同推展業務，雙方基於共同經營市場的理念，協議下列事項共同遵守。

第一條：產品的種類與價格

1. 以甲方生產並同意委託乙方銷售的產品品項為主。

2. 乙方銷售產品之價格，應依甲方訂立的通路盤價、批發價與零售價為準。其間，或基於市場因素考量而需調整各項價格時，甲方應正式告知乙方或行文通知乙方，乙方應依照告知或行文內容辦理，不應自行調整或變更。

3. 乙方如果有削價惡性傾銷或刻意提高價格惜售之行為，如經甲方查證屬實，甲方可不經通知乙方而提前終止本協議，乙方不應提出任何異議及要求。

4. 乙方不應銷售假冒甲方商標專利之任何產品，如經甲方查證屬實，甲方可立即終止協議並保留追訴和查扣之權利。

5. 甲乙雙方基於共同經營市場的理念，針對某些可能對甲方造成競爭壓力的競品，經雙方協議後乙方不應在其經銷區域內銷售。乙方如果有違反此協議，如經甲方查證屬實，甲方可不經通知乙方而提前終止本協議。

第二條：銷售區域範圍及銷售綜合指標

1. 乙方銷售產品，應在雙方協議的經銷區域內銷售，但不包含區域內甲方列為直營的通道與店家。乙方不應擅自越區銷售，擾亂市場行銷次序，如經甲方查證屬實，則乙方應無條件接受甲方所訂罰則，繳納罰金或提前終止本協議。乙方不應提出任何異議及要求。

2. 乙方為甲方的區域經銷商，乙方有義務達到一定的銷售綜合指標，其中包含一定額度的銷售目標、鋪貨目標等，依雙方設定的目標為準。如乙方未達到銷售綜合指標，則甲方有權取消乙方之經銷權，乙方不應提出任何異議及要求。反之，則甲方保障乙方有續約的優先權。

3. 乙方自簽定本協議書之日起，應本善意經營態度，努力經營推銷甲方產品。如乙方未盡力銷售甲方產品，而致使綜合表現不佳，經甲方提出異議後，而

仍無法提升綜合表現，或有事實認定乙方有故意抵制銷售，或有停業之慮時，則甲方可不經乙方同意，以書面告知乙方後，提前終止本協議，或調整乙方經銷區域範圍，乙方不應提出任何異議及要求。

第三條：訂貨付款和產品運送

1. 乙方訂購甲方產品時，應依甲方的訂購程序作業及付款。乙方訂貨付款以款到發貨為原則。

2. 甲方運送乙方訂購產品至乙方營業場所或倉庫，期間運費由甲方負擔。但如乙方訂貨指送乙方客戶（不得越區），則全程運費由乙方負擔。

3. 甲方運送產品交付乙方時，乙方應及時驗收，如發現數量短缺或有品質問題，乙方應在收貨單返回聯上備載原因並同送貨司機共同簽字確認。有關憑證需於五日內寄交甲方，經甲方查證後，如係運輸單位原因造成，則由甲方向運輸單位提出索賠，並補足乙方損失。

第四條：市場拓展與區域責任義務

1. 乙方必須成立營業銷售單位並招聘銷售業務人員，對經銷區域內的所有銷售末端與二、三批發商定期主動積極拜訪以及送貨配銷，由坐批改為行批的經營模式，以期達到精耕市場的區域責任。有關銷售業務人員數量視市場精耕需求，由甲乙雙方共同協商決定。甲方將協助乙方進行銷售業務招聘並提供必要的培訓，以幫助乙方達到共同開拓市場的目標。

2. 乙方必須按月提供各產品品項的實際銷售資料、品項產品庫存量以及其他所需表格，供甲方分析市場運營狀況之參考。

3. 乙方有業務與責任為甲方提供經銷區域內競品商情及異常貨品來源之相關資料，供甲方分析市場運營狀況之參考。

4. 乙方對客戶銷售產品應於產品保質期限內銷售，如有逾期之產品，乙方應自行銷毀不應再行銷售，否則由此而發生之相關權責，由乙方全責負擔。

5. 雙方或有提前終止本協議的事情發生時，乙方應將經銷區域內所有往來客戶銷售資料移交甲方。乙方剩餘產品庫存，良品庫存由甲方以原出貨廠價扣除乙方原已享受的各項促銷獎勵為基價予以購回。但其中如有產品有效期只剩三個月以內的即期產品，其購回價格以基價的 50% 折算，除此之外，乙方不應再以任何理由向甲方要求其他權益。

6. 甲方按乙方經銷區域內零售店的數量，經雙方協商為乙方提供一定數量的車

輛及電腦（本條為當時市場狀況現在已經刪除），並應保證予以乙方經銷區域內產品促銷的支持。

7. 乙方應妥善保管甲方提供的資源（例如車輛），於協議終止執行時，乙方應將甲方提供的資源如數退回甲方。

第五條：評估考核與獎勵

1. 甲方將針對乙方對其經銷區域的市場拓展情況設定各項管理指標予以評估考核，例如：批發點的鋪貨率、零售價的管控、銷售目標的達成、越區銷售以及各項銷售資料提供等。

2. 甲方將針對各項管理指標評估考核結果，給予乙方不同程度性質的獎賞與懲罰，例如：培訓乙方業務人員專業推銷技巧、設置乙方業務人員獎金、規範越區銷售罰則等。管理指標評估結果太差而仍無法改善者，甲方亦可提前終止本協議。

3. 有關評估考核及獎懲，甲方將視市場拓展階段之需求，另以書面方式正式通告乙方，辦法內容亦視為本協議書的協議延伸。

第六條：本協議附件

本協議附件視同協議本文的一部分，本協議有一件附件。

附件一，經銷協議書附件。

第七條：本協議書有效期間

自　　　年　　月　　　日起至　　　年　　　月　　　日止。

第八條：爭議仲裁法院

甲乙雙方應本著協議書之協調精神，以誠信原則執行本協議之各項協議內容。期間或有爭議，應先友好協商解決，如果協商不成，雙方同意將爭議提及法院解決。

第九條：本協議書連同經銷協議書附件一式兩份，甲乙雙方各持一份為憑。

甲方：　　　　　　　　　　　　乙方：

公司名稱：　　　　　　　　　　公司名稱：

公司地址：　　　　　　　　　　公司地址：

簽　　章：　　　　　　　　　　簽　　章：

時　　間：　　　　　　　　　　時　　間：

附件 11-3　經銷協議書附件（案例）

經銷協議書附件

甲方：

乙方：

一、經銷產品：

二、經銷區域：

三、送貨地點：

四、產品價格及盤價：如附件 1（後來都未附價格表）

五、銷售目標和鋪貨目標：如附件 2（後來都以口頭告知）

六、業務人員招聘數量：（階段性政策後來已取消）

七、越區銷售罰則：（基本上道德勸說，嚴重不改則解除經銷協議）

八、評估考核：如附件 3（後來以促銷獎勵辦法執行）

Chapter

12

經銷商開發與評估選擇

12.0 章節前言

臺灣區域市場面積幅員不算太大，區域市場內的量販店系統與便利連鎖系統等零售系統商的品牌數量也不算太多，致使快速消費品廠商大部分採用直營零售系統商的通路政策，因此在臺灣區域市場經銷商的重要性逐漸降低。

臺灣經濟為出口導向，臺灣快速消費品廠商為自家品牌的未來發展布局，近幾十年來有不少在中國大陸設廠。中國大陸地區幅員廣闊，為拓展當地市場，大部分品牌廠商採用區域經銷商政策，因此經銷商很自然的成為品牌廠商在市場經營的重要組織資源。有些臺灣品牌廠商已經在中國內地取得了亮麗的營業銷售成果，例如：康師傅、統一企業與旺旺食品等大型企業。

表 12-1 2018 年中國食品飲料 100 強

企業排名	企業名稱	營業額（¥ 億元）
4	康師傅	589.54
14	統一企業	212.97
15	旺旺食品	202.75

資料來源：food & beverage innovation forum，上海辛巴商務諮詢，2019。

傳統通路個別零售末端的銷售金額產值不高，而且零售末端店家分散，導致品牌廠商需要經銷商來拓展區域零售末端。根據資料分析，大約 42.3% 的快消品品牌廠商至少擁有 200 家以上的傳統通路經銷商，其中 67.6% 的食品飲料品牌廠商開發的傳統通路經銷商數目超過 200 家。（北京智研諮詢，2017）

表 12-2 2016 年品牌廠商擁有的傳統經銷商數量統計分析表

產業市場 / 品類廠商	傳統經銷商數目	
	0～200 家	200 家以上
快速消費品產業市場	57.7%	42.3%
包裝食品 / 飲料 / 酒類等品類廠商	32.4%	67.6%
日常用品 / 日化 / 個護美妝等品類廠商	45.1%	54.9%

資料來源：北京智研諮詢，2017。

12.1 通路拓展政策

行銷通路拓展政策指導銷售業務應該如何開發區域經銷商，對區域經銷商開發一般會有相關的規範與要求。

• 經銷政策採用省級經銷制度、地級市經銷制度，還是縣級市經銷制度？
• 經銷區域採用單一經銷商制度，還是區域複式經銷商制度？
• 經銷區域需要開發哪種通路類型的經銷商？
• 經銷區域內不同通路類型經銷商的開發組合原則為何？

企業基於階段性的市場經營策略，通路拓展政策內容也會有所不同。不同內容的通路拓展政策，規範要求銷售業務需要開發經銷商的所在位置、通路類型的經銷商以及經銷商的數量也會有所不同。不同通路拓展政策之下對區域經銷商開發的規範要求，請參閱附件 12-1 通路拓展政策與經銷商開發。

12.2 經銷商的開發與評估選擇

開發以及維繫與經銷商的關係都是企業行銷戰力的表現，開發環節顯然比開發後的關係維繫環節還來得重要些。畢竟品牌廠商產品是經由經銷商的通路渠道流通到消費者購買產品的零售店家，所以沒有經銷商就沒有銷售業績，選對了一家優質經銷商，會帶給企業源源不斷地的銷售業績以及提升企

業品牌的知名度。

如果沒有選對經銷商，選擇一家銷售能力不強，或者是配合公司銷售政策意願不高的經銷商，區域市場可能無法產出預期的銷售業績。如果經銷商把區域市場給做爛了，例如：產品鋪貨率不高、通路價格混亂、通路產品庫存太多、銷售過期產品等，公司想要更換經銷商重新整改區域市場，將會有一連串的銷售與市場問題需要溝通解決，不僅問題解決不會那麼的簡單容易，而且還會影響公司品牌形象，或有甚者還會影響到該區域其他批發商承接經銷公司產品的意願。

12.2.1 營業部經理的管理責任

尋找、洽談、評估與選擇等一系列的經銷商開發工作，對銷售業務與營業部經理兩者來說都是件煩人的苦差事。在如何評估選擇經銷商方面，雙方常常都只是憑藉個人經驗法則來執行，一般缺乏較完整的管理思維架構來支撐。

其間或許，營業部經理本人有很好的經銷商開發經驗與開發技能，但是可能缺乏教導銷售業務的技巧經驗，所以常常是看到東就教東，看到西就指西，沒有一套教導銷售業務如何開發與評估選擇經銷商的管理方法。

其間或許，營業部經理個人主觀上認為開發經銷商是銷售業務應該具備的基本業務能力之一。站在營業部經理的管理立場，銷售業務無法開發出優質經銷商就表示銷售業務的業務能力不好，能力不好就應該換人，而沒有主動教導與輔導部屬的管理認知。

隨著企業成長在業績的壓力之下，企業需要精耕每個區域市場，需要關注每家經銷商的業績產出情況。如何評估選擇具有銷售潛力的優質經銷商，逐漸成為企業在營業銷售層面的一項重要業務運作管理課題。基於此，在經銷商開發與評估選擇方面，營業部經理的管理責任有三：

1. 需要具備開發區域經銷商的行銷管理技能。
2. 需要規劃經銷商開發評估選擇的管理作業。
3. 需要有主動教導與輔導部屬的管理認知。

12.2.2 銷售業務的任務責任

陌生拜訪開發經銷商是一件很具挑戰性的工作，銷售業務必需要有較強的自我工作驅力與被拒絕的心理準備。

首先必需先把有銷售實力的批發商尋找出來，但是在偌大的城市中如何去尋找？開發經銷商的目的簡單直白的來說，就是要藉著經銷商現有的通路與銷售末端網點來帶動公司產品的銷售，因此與公司產品有相同銷售通路的知名品牌之經銷商自然就是銷售業務的重點拜訪對象。

一般銷售業務在實際開發經銷商的過程中，如果公司產品在市場上沒有相對較強的品牌競爭優勢，或許銷售業務本人心裡還有以往被拒絕的開戶經驗陰影，再加上現實的業績壓力，一般只要遇到稍有經銷意願的批發商，就急於想滿足對方提出的開戶條件要求，希望馬上簽約開戶出貨，忽略了區域內還有很多有經銷實力的批發商可以尋找評估與選擇。

我們都期望能夠從區域內眾多的批發商之中，經過尋找與評估選擇的過程，尋找出有經銷實力的批發商簽約成為公司的區域經銷商。這中間有兩個管理關鍵詞句，區域內眾多的批發商與有經銷實力的批發商，也就是說，開發經銷商需要先在該區域內尋找出一定數量的批發商，再從這些批發商之中評估選擇有經銷實力的批發商，再與之簽約成為公司在該區域的經銷商。因此，在經銷商開發與評估選擇方面，銷售業務的任務責任有三：

1. 瞭解公司評估選擇經銷商的基本條件要求。
2. 銷售業務需要尋找出有經銷實力的經銷商。
3. 需要拜訪一定數量的批發商再作評估選擇。

12.3 演練開戶標準話術

一般來說還需要經常開發經銷商的公司，應該還不是該行業中領先品牌群內的公司，公司品牌產品在市場上可能沒有相對較強的競爭優勢，銷售業務在開發經銷商的洽談過程中，也就比較沒有相對的談判優勢。

為提升銷售業務在開發經銷商階段的成功機會，我們可以推測或蒐集，大多數銷售業務在開發經銷商的洽談過程中，批發商經常會提出的經銷

或開戶等問題條件，我們先在公司內部培訓銷售業務如何應對回答這些問題條件。以下是批發商經常會提出的經銷或開戶等問題條件：

- 經銷利潤太低要求提高經銷利潤。
- 產品銷售末端價格太高不好賣。
- 要求先出貨銷售以後再行結帳。
- 要求提供一批產品作為市場鋪貨支持。
- 要求配置銷售業務與提供車輛進行市場鋪貨。
- 要求提供 KA 系統進場費用支持。
- 要求提供一定金額的促銷推廣費用。

銷售業務如果無法滿足經銷商提出的開戶條件要求，如果也不知道如何應對回答，銷售業務在開戶過程中遇到困難挫折，如果當下又得不到營業部經理支持，可能就會將困難挫折轉變成為對企業的種種抱怨。因此，銷售業務在拜訪批發商之前，需要事先推想在拜訪洽談過程中批發商可能會提問的相關問題，針對這些問題先行演練標準應對話術以提高洽談的成功機會。

12.4 經銷商開發教戰手冊：案例分享

經銷商開發教戰手冊用來指導與規範銷售業務如何開發新經銷商，讀者可以參考附件 12-2，自行編寫自家企業的經銷商開發教戰手冊。

該教戰手冊以制度辦法形式編寫，主要內容規劃分為六大部分：

1. 開發前的準備工作。
2. 潛在經銷商的尋找方法。
3. 製作潛在經銷商拜訪名單。
4. 潛在經銷商開發拜訪模式。
5. 新經銷商開發三段式洽談模式。
6. 新經銷商開發各階段管理重點。

12.5 開發前的準備工作事項

1. 督導銷售業務先推想在洽談過程中批發商可能會提出的開戶條件。

2. 督導銷售業務明確瞭解公司市場通路拓展政策

   知道要在哪個區域開發經銷商、知道要開發哪種通路類型的經銷商。

3. 督導銷售業務明確瞭解下列三項相關資訊，作為開戶話術演練的基礎，下列 (1) 與 (2) 兩項應該要有書面的分析資料。

   (1) 產品的通路銷售利潤分析表－C。

   (2) 區域競爭品牌產品零售價格比較表－D。

   (3) 新經銷商開發市場支持政策－E。

4. 輔導銷售業務如何選擇潛在經銷商

   (1) 營業部經理與銷售業務一起選擇與公司產品有相同銷售通路的知名品牌產品，知名品牌產品之經銷商將是銷售業務開發經銷商的重點拜訪對象。

   (2) 銷售業務在區域內地毯式的尋找可能經銷公司品牌產品的潛在批發商。

   (3) 上列 (1) 與 (2) 必須將名單資料列表成冊作成潛在經銷商拜訪名單。

5. 針對洽談過程中，批發商可能會提問的問題先行演練標準開戶話術

   營業部經理必須與銷售業務共同推想，在拜訪洽談過程中批發商可能會提問的問題，並針對這些問題演練標準開戶話術以提高洽談的成功概率。標準開戶話術需要做成書面資料，同時作為營業銷售人員的培訓教材。

12.6 潛在經銷商基本資料表：X 表，附件 12-3

　　營業部經理與銷售業務共同選定拜訪潛在經銷商以後，銷售業務開始進行拜訪。銷售業務在拜訪洽談中，如果發覺對方有經銷公司產品意願，應該開始填寫潛在經銷商基本資料表：X 表，作為經銷商評估選擇的基本資料。

12.6.1 潛在經銷商基本資料表：X 表，表格內容說明

一、洽談經銷區域與經銷品牌產品

二、潛在經銷商基本資料

三、目前經銷品牌產品描述

四、目前經營區域與渠道描述

五、外埠覆蓋描述

六、拜訪洽談記錄

- 第二欄位是評估潛在經銷商基本狀況。
- 第三、四、五等三項欄位是評估潛在經銷商的通路狀況。
- 第六欄位是開戶洽談過程與營業部經理回報溝通欄位。

12.6.2 潛在經銷商基本資料表：X 表，表格使用說明

1. 每家潛在經銷商填寫一份。

2. 洽談中逐漸完成表格內基本資料的蒐集與填寫，作為經銷商評估選擇資料。

3. 每次洽談後，填寫拜訪洽談記錄摘要，呈送營業部經理作為開戶進度溝通資料。

4. 拜訪洽談記錄必須每次拜訪每次填寫，逐次呈報。

5. 拜訪洽談記錄必須一直填寫與呈報，直到案件成交或案件決定放棄拜訪為止。

6. 洽談案件成交或決定放棄拜訪時，應該將 X 表轉交營業部存檔記錄。

12.7 經銷商開戶申請表：Y 表，附件 12-4

潛在經銷商決定經銷公司品牌產品，銷售業務必需馬上進行經銷商開戶申請與安排該經銷商的第一次進貨訂單。

1. 將潛在經銷商基本資料表—X 表的內容，轉填寫成為經銷商開戶申請表—Y 表。

2. 安排經銷商首批進貨訂單（必須注意公司的最低出貨數量規定）。

3. 經銷商申請核准後，聯繫經銷商打款出貨，完成經銷商開戶作業程序。

12.8 教戰手冊實戰案例摘錄分享

　　某企業某位銷售業務在拜訪潛在經銷商過程，填寫拜訪洽談回報的 X 表中，有段拜訪記錄填寫得相當的精彩，可以作為銷售業務開發潛在經銷商的經典範例，也可以當作培訓銷售業務填寫表格的經典範例，值得特別解說介紹。摘錄該銷售業務的拜訪記錄與大家分享，如下。

12.8.1 拜訪洽談記錄解說分享

1.【洽談記錄】7 月 5 日星期二

第一次拜訪，與銷售部經理李張強洽談，李經理表示經銷新品牌產品要直接和老闆張耀輝洽談，張老闆出差，已電話聯繫約定星期五在該公司見面再談。

【記錄解說】

以下兩點都說明該銷售業務是位優秀的銷售業務。

(1) 銷售業務拜訪時能主動問清楚該公司的 Key Man 是張老闆。

(2) 張老闆出差能主動電話聯繫並約定星期五見面。

2.【洽談記錄】7 月 8 日星期五

張老闆臨時有事未回，電話聯繫改為 12 日在他公司見面。

【記錄解說】

老闆的行程往往會有突發性的變化，能再約定 12 日在他公司見面，該銷售業務表現很積極。

3.【洽談記錄】7 月 12 日星期二

張老闆對品牌產品有興趣，但是表示產品進 KA 系統的毛利太少，他公司主要做 KA 系統通路，期望能有 40～45% 銷售毛利。

另外我公司對末端零售價有規定，不好操作。

【記錄解說】

(1) 張老闆提出具體的價格條件，KA 系統期望能有 40～45% 銷售毛利，明確知道張老闆對 KA 系統的銷售毛利需求，才能進一步的溝通處理。如果只是反應 KA 系統銷售毛利太少，將無法瞭解張老闆的真正

要求爲何？回過頭來還是需要再一次溝通所謂銷售毛利太少的問題。

(2) 張老闆能提出具體的銷售毛利條件，可見有經銷品牌產品意願。

4.【洽談記錄】

(1) 7 月 20 日星期三

上星期呈報周總後，公司有 10 ＋ 1 政策，可以滿足其銷售毛利需求。張老闆又提出經銷新產品希望先試賣，不願意先打款出貨，沒達成協議。

(2) 7 月 25 日星期一

張老闆同意先款後貨，另外提出配置理貨員 3 人，第一次安排出貨 150 箱。公司規定 300 箱起運配送，還需要再協商。

【記錄解說】

(1) 這是開發新經銷商時候經常會遇到的問題，好不容易解決了 A 項問題，經銷商又提出 B 項問題要求，銷售業務需要有耐心的溝通處理。

(2) 同時也顯示銷售業務必須充分瞭解公司各項銷售辦法的重要性。

5.【洽談記錄】8 月 2 日星期二

達成協議，答應安排出貨 380 箱，公司支持理貨員 2 人 ×3 個月，公司支持進場經營家樂福與伊藤洋華堂兩家 KA 系統。

兩家 KA 系統各支持 10 品項產品的進場條碼費 50%。

【記錄解說】

銷售業務的努力終於有了好的回報，新經銷商開發成功。

12.8.2 拜訪洽談記錄總結解說

1. 拜訪記錄必需摘要拜訪洽談內容呈報，直到案件成交或決定放棄拜訪爲止。

2. 拜訪記錄可以反映銷售業務拜訪與洽談的技巧與心態，拜訪記錄必須每次拜訪每次填寫呈報，不可以連續幾次拜訪後再填寫呈報。

3. 從整體拜訪日期記錄，可以反映該銷售業務對案件的溝通洽談非常積極，洽談遇到困難挫折馬上請示。整個案件時間由 7 月 5 日星期二拜訪洽談開始到 8 月 2 日星期二確定簽約爲止，每次拜訪之間的日期間隔安排都

很合理。

4. 有些案例，銷售業務在拜訪記錄上填寫的都是說對方很有經銷意願，但是您會發覺，每次拜訪之間的日期間隔，都是較長的日期間隔，這表示銷售業務不是在敷衍就是在造假。

5. 有些案例，銷售業務寫的都是些「開放性」的語句。例如：老闆不在、老闆出差了、老闆沒興趣、老闆說經銷利潤太少、老闆要求公司配人配車等形容詞。這表示銷售業務不是在敷衍造假，就是溝通技巧有問題需要個別輔導。

附錄與附件

1. 附錄，中國大陸市場快速消費品之經銷商評估選擇關鍵因素研究。
2. 附件 12-1，通路拓展政策與經銷商開發。
3. 附件 12-2，經銷商開發教戰手冊。
4. 附件 12-3，潛在經銷商基本資料表－X 表。
5. 附件 12-4，經銷商開戶申請表－Y 表。

附錄與附件

附錄　中國大陸市場快速消費品之經銷商評估選擇關鍵因素研究

中國大陸市場快速消費品之經銷商評估選擇關鍵因素研究（陳榮岳，2020），是作者個人的一篇碩士論文，以下摘錄論文部分內容提供讀者參考（摘錄內容採用原論文的章節）。

摘要

尋找、洽談、評估與選擇等一系列的經銷商開發工作，對銷售業務與營業部主管兩者來說都是件煩人的苦差事。在如何評估選擇經銷商方面，雙方常常都只是憑藉個人的經驗法則來執行，缺乏一個較有學術依據的架構思維來支撐。

隨著企業成長，企業需要精耕每個區域市場，需要關注每家經銷商的業績產出情況。因此，如何評估選擇具有銷售潛力的優質經銷商，逐漸成為快速消費品企業在營業銷售層面的一項重要業務運作課題。

本研究藉由文獻回顧與德爾菲法之應用，建立一項具有學術研究依據的快速消費品之經銷商評估選擇架構，四個構面與十二項關鍵準則，此架構可以解決經銷商評估選擇的課題。四個構面是評估選擇經銷商的四個思維面向，十二項關鍵準則是評估選擇經銷商時候應該考慮或掌握的關鍵因素，這些關鍵準則是優質經銷商必需具備的因素條件。

本研究對企業實務有兩個面向的貢獻。一為，作為新經銷商評估選擇之具體評選內容。二為，定期對目前的經銷商進行重要度與績效值分析，針對其績效表現不好的準則項目，研擬相對應的銷售輔導或銷售管理措施。並且在以後的新經銷商評選作業，加強關注對此項準則之評選。如此，經由兩個面向作業之交互使用，不斷精進經銷商評估選擇作業，期使達到企業組建的經銷商都是優質經銷商之目標。

第二章　文獻探討
第二節　中國快速消費品市場概況

依據資料統計，2016 年中國大陸快速消費品的零售額為人民幣 ¥3.2 萬億元（中國產業信息網，2017）。快速消費品行業進入門檻不高，通路上的各階通路成員，品牌廠商、批發商與零售業者，均多如過江之鯽。中國大陸快速消費品行

業有幾項特徵，最早市場化與市場化程度最高的行業、市場需求量大、行業進入門檻低、產品同質化程度高以及市場競爭激烈等特徵。

一、中國快速消費品市場特殊性

中國大陸省級的行政區域劃分為省會城市、地級市與縣級市。中國大陸市場存在著三個影響企業通路政策規劃與經銷商評估選擇的市場特殊性。

第一，中國境內民族眾多，區域消費習慣受民族文化與民族習慣之影響很大，平時各民族人民同城居住生活在一起，導致需要依靠區域經銷商才能夠精準的組合產品推向具有消費習慣差異的各個區域小市場。

第二，城鄉貧富差距和城鄉消費需求的差異，區域市場消費結構呈現多元化。目前中國快速消費品市場至少存在四類不同類型的市場，農村市場、鄉鎮市場、三四級城市市場以及中心城市市場，其中農村市場消費潛力最大而又最容易被忽視（聶兆遠，2009）。

第三，每個省級區域廣闊即使是採用地級市經銷制度（即每個地級市開發一家經銷商），該經銷商也無法完全覆蓋及配送該地級市的區域市場。地級市經銷商必需開發二批商來覆蓋與配送地級市的區域市場以及所屬縣級市的區域市場。這項市場因素影響到生產企業的行銷通路政策規劃，經銷制度需要下沉到哪個位階的行政區域？對生產企業來說，這是一項需要慎重思考的行銷通路政策問題。

第五節　研究雛形架構之建立

一、研究雛形架構之構面定義說明

研究雛形架構有四個構面，經營意識面向、組織規模面向、通路建構面向與營業銷售面向。茲將四個構面之定義說明，如表 12-3。

研究雛形架構有 25 項準則分別歸屬於四個構面。

表 12-3 研究雛形架構之構面定義說明

構面名稱	構面定義說明
A 經營意識面向	從經營意識面向評價經銷商企業主經營公司的企圖心。經銷商企業主必需要有正確的經營意識,才能與廠商之間有長久合作以及共同開發市場的企圖心。
B 組織規模面向	從組織規模面向評價目前經銷商的經營狀況。
C 通路建構面向	從通路建構面向評價目前經銷商的通路系統,是否合適銷售廠商產品?是否能夠讓廠商產品有好的銷售業績產生?
D 營業銷售面向	從營業銷售面向評價經銷商的各項營業銷售能力。

表 12-4 雛形架構有 25 項準則分別歸屬於四個構面

關鍵構面	關鍵準則
A 經營意識面向	A1 長遠發展意識,A2 部門管理能力,A3 良好政經關係,A4 信用與名譽,A5 經銷合作意願。
B 組織規模面向	B1 每月營業銷售額,B2 財務資金實力,B3 銷售業務人數,B4 業務人員流動率,B5 配送車輛數目,B6 倉儲庫房面積,B7 產品銷售管理能力,B8 銷售系統電腦化。
C 通路建構面向	C1 銷售區域範圍,C2 經銷知名品牌數量,C3 通路管道類型,C4 產品線適合性,C5 KA 系統進場家數。
D 營業銷售面向	D1 通路拓展理念,D2 市場熟悉程度,D3 業務銷售能力,D4 促銷執行能力,D5 價格管控能力,D6 串貨控制能力,D7 售後服務能力。

第五章　結論與建議

第一節　研究結論

　　本研究透過文獻探討,經過文獻之蒐集、分析與整合,綜合學者專家的研究架構基礎,初步建立「快速消費品之經銷商評估選擇關鍵因素」之研究雛形架構。依據德爾菲法(Delphi Method)組織專家群組人員,以此研究雛形架構與專家群組進行意見溝通,依專家群組給予之意見修正雛形架構建立研究評估層級架構。研究評估層級架構再請專家群組進行重要度評分,利用評分之最大平均值進行調整,設定共識性差異指標(Consensus Deviation Index,CDI)的門檻值為 ≦ 0.1,最終專家群組取得共識確認「快速消費品之經銷商評估選擇關鍵因

素」，四個關鍵構面與 12 項關鍵準則，如表 12-5。以下提出本研究的結論及其管理意涵。

表 12-5　快速消費品之經銷商評估選擇關鍵因素

關鍵構面	關鍵準則
A 經營意識面向	A1 部門管理能力，A2 信用與名譽，A3 經銷合作意願。
B 組織規模面向	B1 財務資金實力，B2 業務人員數量，B3 配送車輛數目。
C 通路建構面向	C1 銷售區域範圍，C2 通路渠道類型。
D 營業銷售面向	D1 通路拓展理念，D2 業務銷售能力，D3 促銷執行能力，D4 價格管控能力。

關鍵準則及管理意涵

　　12 項關鍵準則分別歸屬於四個關鍵構面，12 項關鍵準則是四個關鍵構面在評估選擇經銷商時候的具體評估選擇項目。茲將 12 項關鍵準則之管理意涵說明如表 12-6。

表 12-6　關鍵準則之管理意涵

關鍵準則		關鍵準則管理意涵
A1	部門管理能力	經銷商對業務、財務、資訊、倉庫與終端客戶等方面的管理能力。不斷完善各部門管理作業流程，公司未來才會有發展潛力。
A2	信用與名譽	經銷商在顧客和同業間的信用與名譽，這是經銷合作的基礎。
A3	經銷合作意願	經銷商條件再好，如果彼此沒有經銷合作意願，其他都不用考慮。
B1	財務資金實力	經銷商的財務資金實力是否雄厚，這是重要的評估條件準則。
B2	業務人員數量	經銷商的業務人員數量必需與銷售區域範圍大小匹配。區域市場需要開發與維護，業務人員數量不足無法有好的銷售業績產出。
B3	配送車輛數目	配送商品車輛，每輛車可以轉載多少貨物以及一天可以跑幾趟車次，都是可以估算的。配送商品車輛是銷售業績產出的基礎設備。

	關鍵準則	關鍵準則管理意涵
C1	銷售區域範圍	經銷商目前的銷售區域範圍，如果與廠商期望的區域範圍不完全相符，雙方應該協商出一個彼此都可以接受的區域範圍。行銷管理上必需關注銷售區域內是否還有未開發的空白區域。
C2	通路渠道類型	經銷商目前通路類型是否適合銷售廠商品牌產品。產品的銷售渠道與產品的銷售屬性不同，將無法產出好的銷售業績。
D1	通路拓展理念	廠商在開發產品時候已經賦予產品的市場定位與市場任務。不同類型的通路各有其需求的產品種類與類型，經銷商需要依據產品屬性開發產品銷售通路，並且執行廠商的通路價格政策。
D2	業務銷售能力	業務人員是否具有銷售廠商產品的技術和知識。產品銷售渠道是否與產品屬性渠道相同。客戶數量、銷售業績以及未開發空白區域，是行銷管理上對業務銷售能力的基本考核項目。
D3	促銷執行能力	經銷商是否具有促銷推廣執行能力，並且具有執行廠商各項促銷推廣方案的意願，在組織上有相對的促銷執行人員編制。
D4	價格管控能力	經銷商對通路價格的執行管控能力。不會降價促銷拼銷售業績，不會抬高價格提升銷售利潤，忠實執行廠商的通路價格政策。

附件 12-1　通路拓展政策與經銷商開發

通路政策	通路拓展政策內容與範圍要求	經銷商位置	經銷商開發數量
A 政策	1. 省會城市與地級市為單位開發單位開發區域經銷 2. 省會城市區域需要全覆蓋開發	1. 省會城市市區 2. 地級市	1. 省會城市可能需要開發幾個經銷商才能全覆蓋市區與郊縣 2. 每個地級市開發 1 個區域經銷商
B 政策	1. 以縣級市為單位開發區域經銷商 2. 省會城市郊縣比照縣級市開發區域經銷商	1. 省會城市市區 2. 省會城市郊縣 3. 地級市 4. 縣級市	1. 省會城市可能需要開發幾個經銷商才能全覆蓋市區 2. 某些郊縣可以獨立開發區域經銷商 3. 某些郊縣可以規劃由城區經銷商輻射經營 4. 某些郊縣可能需要合併幾個郊縣才能開發一個區域經銷商 5. 每個地級市開發 1 個區域經銷商 6. 每個縣級市開發 1 個區域經銷商 7. 某些縣級市可以規劃由地級市經銷商輻射經營 8. 某些縣級市可能需要合併幾個縣級市才能開發一個區域經銷商
C 政策	1. 以 B 策略為主 2. 省會城市的傳統通路與 KA 通路開發不同的經銷商拓展市場	同 B 案	1. 同 B 政策 2. 省會城市以能夠全覆蓋城區為原則開發二種不同類型的通路經銷商，可能需要開發一個以上的經銷商

區域全覆蓋開發概念

以能夠全覆蓋區域市場通路為原則，作為經銷商開發數量的依據。

1. 省會城市的經銷商，在某些市區、郊縣、批發市場與 KA 系統等區域通路，可能彼此會有重疊經營狀況，必須協調彼此的經銷區域範圍。
2. 省會城市的經銷商，銷售區域可能輻射到某些郊縣與鄰近的地級市，如果該經銷商能夠有效的經營這些區域或區域，可以考慮規劃為其經銷區域。
3. 某些地級市的經銷商，銷售區域可能輻射到鄰近的地級市與縣級市，如果該經銷商能夠有效的經營這些區域或區域，可以考慮規劃為其經銷區域。
4. 某些縣級市可能因欠缺有行銷能力的經銷商或其他原因不合適獨立開發經銷商，可以合併鄰近的縣市，規劃成為一個實力鄰近的縣市經銷商。

附件 12-2　經銷商開發教戰手冊

歐豪食品股份有限公司

文件名稱

經銷商開發教戰手冊

文件編號：

文件版別：

生效時間：

制訂	審核	核准

經銷商開發教戰手冊

經銷商開發教戰手冊附件

附件：

一、市場通路拓展政策－A

二、產品通路價格體系－B

三、產品通路銷售利潤分析表－C（製作）

四、區域競爭品牌產品零售價格比較表－D（製作）

五、新經銷商開發市場支持政策－E

六、經銷商開發推銷話術－F（製作）

七、潛在經銷客戶基本資料表－X

八、經銷商開戶申請表－Y

教戰手冊

一、開發前的準備工作

1. 在開發經銷商之前，應該先推想在洽談過程中批發商可能會提出的開戶條件。

2. 在開發經銷商之前，營業部經理必須確認銷售業務是否對市場通路拓展政策有明確的瞭解。

   知道要在哪個區域開發經銷商、要開發哪種通路類型的經銷商。

   （參考：市場通路拓展政策－A）

3. 在開發經銷商前，應該瞭解所謂「經銷商」與「二批商」的差別。

   要避免選擇二批商開發成為經銷商。

4. 瞭解產品通路價格體系，瞭解經銷商以及零售商的銷售利潤有多少。

   公司產品品項不可能都有相同的通路銷售利潤。選擇公司主要產品品項以及通路銷售利潤較高的產品品項，分析瞭解產品的通路銷售利潤，作為經銷商開發的推銷話術演練基礎資料。

   （選擇公司產品品項，製作：產品通路銷售利潤分析表－C）

5. 選擇在當地 KA 系統、連鎖超市或傳統通路，有一定鋪貨率的競爭品牌。

   選擇公司主要品項與競爭品牌主要品項做銷售末端零售價格比較分析，瞭解公司產品零售價格的競爭能力。

   競爭品牌與競爭品項產品之選定，營業部經理必須與銷售業務共同溝通決定。

   （製作：區域競爭品牌產品零售價格比較表－D）

6. 明確瞭解目前公司有關新經銷商開發的市場支持政策。

   （參考：新經銷商開發市場支持政策－E）

7. 以上第 4. 和第 5. 兩項可能有區域性的差別，尤其是第 5. 項營業部經理必須與銷售業務一起製作銷售末端零售價格比較分析。

8. 依據以上第 4.、5.、6. 三項資料，營業部經理應該在內部演練經銷商開戶的推銷話術，增加銷售業務在談判時候的信心和說服力。

   （製作：經銷商開戶推銷話術－F）

9. 營業部經理與銷售業務溝通共同選定第一個開發經銷商的空白區域。

二、潛在經銷商的尋找方法

1. 開發經銷商的目的是要藉著經銷商現有的銷售通路來帶動公司產品銷售。

2. 從 KA 通路與 B／C 級店，尋找有一定鋪貨率的知名品牌產品之區域經銷商。

3. 選擇與公司產品有相同銷售通路的知名品牌廠商。

   以快消品為例，鎖定選擇大品類的知名品牌廠商：

   • 餅乾類：奧利奧、嘉士利、好吃點、格力高等。

   • 果凍類：喜之郎、親親、雅克、蠟筆小新等。

   • 咖啡類：雀巢、UCC、星巴克、麥斯威爾等。

   • 飲品類：哇哈哈、匯源、椰樹、加多寶等。

   • 方便麵：康師傅、白象、統一、日清、農心等。

4. 這些知名品牌廠商的區域經銷商就是銷售業務開發經銷商時候的重點拜訪對象。

三、製作潛在經銷商拜訪名單

1. 尋找知名品牌產品的經銷商，特別注意是區域經銷商而不是二批商。

2. 避開競爭品牌的經銷商。

3. 先從上列第二點的 2.、3. 兩項中，尋找整理出知名品牌產品的經銷商，製作潛在經銷商拜訪名單。

4. 在區域內地毯式的尋找可能經銷公司品牌產品的經銷商，將批發商資料加入潛在經銷商拜訪名單。

5. 認識或朋友介紹有經銷實力的經銷商，亦加入潛在經銷商拜訪名單。

四、潛在經銷商開發拜訪模式

1. 每一個空白市場，先要找出大約 20 家知名品牌產品的經銷商才開始進行拜訪工作。不能找到一家就拜訪一家。

2. 每次選擇其中的 3 家進行拜訪，具體拜訪哪 3 家，由營業部經理與銷售業務共同溝通決定。

3. 第一次的 3 家都沒有經銷意願，再選其他 3 家進行拜訪。此時銷售業務手上還有 17 家名單，被拒絕心裡比較不會難受。

4. 第 2.、3. 模式持續進行拜訪，直到談成區域經銷商為止。

5. 如果潛在經銷商拜訪名單都拜訪完了，還沒能談成一家經銷商，流程回到第 1. 再尋找。拜訪名單可以減低到 6〜8 家左右。

五、新經銷商開發三段式洽談模式

　　所謂三段式洽談，是將開發流程分為三個階段，每階段有階段的洽談主題重點，拜訪洽談依照階段主題重點進行溝通洽談。

　　開發流程分為三段洽談，在實際洽談過程還是應該依據洽談溝通狀況做調整，不用完全拘於洽談階段模式。

　　第一階段看似簡單其實最容易被拒絕，分階段洽談即使被拒絕了也比較不會心裡難受、感到受傷。

　　每階段需要拜訪洽談次數，依據個案實際洽談情況而定。

1. 第一階段：洽談目的在認識潛在經銷商，進而瞭解潛在經銷商狀況。

　　(1) 開場白：（如果您沒有更好的開場白用語，就請您參考以下開場白的用語）

　　　　我公司擬在此區域尋找有實力的經銷商合作開發市場，公司規定在開發經銷商前必需先拜訪某某品牌產品的經銷商。

　　　　我公司知道貴公司是某某品牌產品的經銷商，而且市場做得非常好、非常成功……

　　　　因此，今天特別專程來拜訪您……

　　(2) 簡單介紹一下企業狀況、企業老闆、品牌產品、全國市場經營狀況。

　　(3) 簡單詢問一下該經銷商主要經銷哪些品牌產品、主要經營區域範圍、主要經營通路渠道等。

　　(4) 洽談中特別注意瞭解其經銷的知名品牌產品，主動引導經銷商談談知名品牌產品的市場操作模式。

　　　　洽談中特別注意瞭解其市場經營狀況，KA 系統、營業額、業務人數、車輛數、倉庫面積等。

　　　　洽談內容可以參考 X 表的內容，每次洽談後將得到的訊息資料填寫於 X 表內，作為第二階段評估選擇洽談對象的依據。

　　(5) 第一次拜訪洽談，如果發覺對方洽談興趣不大，或發覺對方當時工作狀況較忙，洽談溝通到 (1) 與 (2) 就可以了。

　　　　留下好印象，簡單溝通洽談另約其他時間再次拜訪。

2. 第二階段：洽談目的在激發其經銷我公司品牌產品意願。

　　(1) 洽談該地區有多少量販店、超市、批市，多少縣級市、多少鄉鎮等等市場通路狀況。

　　(2) 進階洽談或請教經銷商在該區域的市場操作模式。

(3) 進階洽談經銷商對我公司品牌產品在該區域的市場操作看法，從洽談中瞭解其經銷我公司產品的意願。

作為第三階段評估選擇洽談對象的依據。

(4) 在第二階段洽談中，如果對方表示沒有經銷意願，不用太勉強繼續洽談，留下好印象保持以後聯繫即可。

3. 第三階段：具體洽談經銷事宜提出經銷商開戶邀請。

(1) 由第二階段洽談中，選擇有經銷意願的潛在經銷商進一步洽談。

(2) 由經銷意願、經銷區域範圍、第一次排貨計畫、新經銷商市場支持等循序進階洽談。

(3) 協助完成經銷商開戶手續。

(4) 協助打款出貨完成經銷商第一次出貨。

六、新經銷商開發各階段管理重點

1. 銷售業務出差模式的管理重點

(1) 開發經銷商與維護市場的出差模式有所不同，營業部經理應該特別注意銷售業務的出差途程安排。

(2) 假設某位銷售業務需要開發經銷商的地區有 6 個空白區域，地級市 A、B，及縣級市 a3、a5、b2、b4。

- 銷售業務所在駐區 A 市還沒開發出經銷商之前，不要安排到 B、a3、a5、b2、b4 等地區出差開發經銷商。

  避免星期一在 A 市拜訪潛在經銷商，星期二到 a3 出差，星期三到 B 市出差。此等分散式的出差拜訪模式有兩項缺點：

  其一，無法累積尋找區域潛在經銷商的數量；

  其二，下星期回到 A 市後，再去拜訪上星期洽談過的潛在經銷商，可能上星期的洽談內容都模糊了。

- A 市開出經銷商之後，先安排開發 B 市的新經銷商，理由是地級市的市場銷售潛力應該比縣級市還大。

- 到 B 市出差開發經銷商，當天由 A 市出發，當天就由 B 市返回駐區 A 市，直到 B 市開發出經銷商為止。

- 不需要在 B 市停留過夜的理由是，現在交通便利地級市之間的交通時間大約只需要 1～2 小時車程，無需在 B 市過夜。

2. 開發前準備階段的管理重點

　(1) 營業部經理需要確認銷售業務已經瞭解公司相關制度政策。

　　　‧市場通路拓展政策－A

　　　‧產品通路價格體系表－B

　　　‧新經銷商開發市場支持政策－E

　(2) 營業部經理需要親自與銷售業務共同製作的分析表格。

　　　‧產品通路銷售利潤分析表－C

　　　‧區域競爭品牌產品零售價格比較表－D

　(3) 營業部經理依據 C、D、E，培訓銷售業務演練「經銷商開戶推銷話術」。

　(4) 營業部經理必須與銷售業務溝通共同選定第一個開發新經銷商的空白區域。

3. 第一階段洽談過程的管理重點

　(1) 銷售業務開始拜訪潛在經銷商之前，營業部經理要明確落實銷售業務已經建立準備拜訪的潛在經銷商拜訪名單。

　(2) 銷售業務也可以分批次的尋找潛在經銷商，但是要求建立的潛在經銷商家數至少要有 20 家以上才開始拜訪。

　(3) 營業部經理與銷售業務共同選定第一批次拜訪的潛在經銷商名單。
潛在經銷商名單合計有 20 家，一次選定 3 家拜訪。營業部經理與銷售業務共同選定拜訪哪 3 家潛在經銷商。

　(4) 如果第一批次洽談的潛在經銷商都沒有經銷產品意願，則選擇下一批次拜訪名單。

　(5) 拜訪期間，如果有條件不錯的潛在經銷商有較強的經銷產品意願，可以先行進行下階段洽談，或評估簽訂開戶。
但是，只要當地還沒有簽訂經銷商，尋找與拜訪潛在經銷商的工作不能停止。

4. 第二、三階段洽談過程的管理重點

　(1) X 表，拜訪記錄必須每次拜訪每次填寫匯報，不可以連續幾次拜訪再一起填寫匯報的情事。

　(2) 營業部經理要明確掌控目前銷售業務與哪幾家潛在經銷商在洽談中。

　(3) 銷售業務洽談中的潛在經銷商是否都有 X 表回報，X 表中的報告是否認真填寫，還是應付著填寫。

　(4) 營業部經理應該就 X 表中洽談進度與銷售業務保持聯繫，針對銷售業務洽談不攏的條件隨時給於指導支持。

附件 12-3 潛在經銷商基本資料表－X 表

省區		省會／地級市		建檔人姓名		建檔時間	

一、洽談經銷區域與經銷品牌產品

洽談經銷區域	
經銷品牌產品	

二、潛在經銷商基本資料

公司名稱		法人代表	
公司地址		公司經營者	
註冊資本		經營者電話	
公司電話		月營業額	
業務人數		倉庫面積	
理貨人員		車輛數量	
納稅資格	（　）一般納稅人（　）小額納稅人		

三、目前經銷品牌產品描述（知名品牌或大品牌）

產品名稱	每月大約銷量金額

四、目前經營區域與主要渠道描述

主要經營區域	
主要經銷產品	

主要經營渠道	A 系統名稱	A 系統店數	B 系統名稱	B 系統店數	C 系統名稱	C 系統店數
A、大型量販系統						
B、大型超商連鎖						
C、便利超商連鎖						
D、中小超商連鎖						
E、批發市場的二批商數量			F、其他二批商數量			
G、傳統流通超商數量			H、特殊／封閉通路			

五、外埠覆蓋描述（寫出外埠大約有多少二批商數量）

序號	郊縣	地級市	縣級市	鄉鎮	二批商大約數量	直營配送點大約數量
1						
2						
3						

六、拜訪洽談記錄

拜訪時間（日期／星期）	洽談對象	洽談內容摘要

拜訪洽談填寫說明
1. 拜訪洽談記錄必須一直填寫與呈報，直到案件成交或案件決定放棄拜訪為止。
2. 洽談案件成交或決定放棄拜訪時，應該將 X 表轉交營業部存檔記錄。

附件 12-4　經銷商開戶申請表－Y 表

營業部		營業所		申請業務		附潛在經銷商 X 表	

一、申請經銷區域及經銷品牌產品

經銷區域	
經銷品牌產品	

二、經銷商基本資料

公司名稱		法人代表	
公司地址		公司經營者	
註冊資本		經營者電話	
公司電話		月營業額	
業務人數		倉庫面積	
理貨人員		車輛數	
納稅資格	（　）一般納稅人（　）小額納稅人		

三、經營區域與主要渠道描述

目前主要經營區域	
目前主要經銷產品	

目前主要經營管道	A 系統名稱	A 系統店數	B 系統名稱	B 系統店數	C 系統名稱	C 系統店數
A、大型量販系統						
B、大型超商連鎖						
C、中小超商連鎖						
D、傳統流通超商						
E、批發市場的二批商數量			F、其他二批商數量			
G、傳統流通超商數量			H、特殊／封閉通路			

四、經銷商區域市場拓展與推廣計畫

五、經銷商市場支持專案申請

六、經銷商首批進貨訂單

序號	產品編碼	產品名稱	單價／件	數量／件	金額合計	備註
1						
2						
3						
4						
5						
7						
8						
9						
10						
11						
12						
	合計					

Chapter

13

營業銷售業務培訓規劃

13.0 章節前言

- 管理常被定義爲「透過他人把事情做好」。
- 培訓領域是目前所有管理職能中最弱的一環。
- 管理的眞諦是，經理人必須將其技能和知識透過管理過程傳授給部屬。
- 身爲經理人，您的生產力是部屬生產力的總合，團隊愈強也代表您愈強。
- 部屬不知道怎麼做，缺乏相關知識或技巧，這是培訓問題。
- 部屬知道怎麼做，但是做不好或不想去做，這是管理問題。

13.1 銷售業務培訓規劃

　　銷售業務培訓是營業銷售高管必須具備的行銷管理技能之一。銷售業務培訓應該或需要包含哪些項目？這個議題並沒有標準答案，一般銷售業務培訓項目可以從銷售工作上應該具備的從業敬業理念、行銷推銷知識、銷售管理技能，以及公司重要的管理制度辦法四個面向來研擬規劃。

　　銷售業務培訓項目有了大概的規劃之後，有關培訓項目的實施，並不是以項目大類來實施，而應該是依據銷售小群體或銷售業務人員的工作階段性需求來規劃，此議題將在章節後面略作說明。茲將銷售業務培訓的四個面向條列如下：

1. 從業敬業理念，例如：工作應具備的服務精神、提升自我工作能力等。
2. 行銷推銷知識，例如：F.A.B.E. 推銷技巧、客戶異議處理技巧等。
3. 銷售管理技能，例如：經銷商開發評估選擇技巧、銷售業績增長點分析等。
4. 管理制度辦法，例如：經銷商開發教戰手冊、營業銷售會議制度等。

13.2 從業敬業理念面向

　　從業敬業理念我們應該把它視為是企業文化的一環。此類的從業敬業理念，一般可以歸納為以下的四大區塊，四大區塊培訓課程看似簡單，但是培訓教材的架構編寫是有相當難度的，再者要選擇尋找合適的培訓講師也不容易。

1. 對公司要有無私無悔的奉獻熱忱，把公司的目標當成是自己的目標。
2. 具備職位所需要的知識和技能，不斷的自我學習提升工作能力。
3. 全力以赴的自我工作驅力，如期達成公司交付的工作目標。
4. 不要對外談論公司機密事務，不要對外談論公司內部是非。

　　從業敬業理念的培訓，選擇公司內部高管當內部培訓講師，除了培訓內容編寫有難度之外，企管高管對此類問題的認知，主觀上容易偏向教條式的管理認知，因此往往會讓前來接受培訓同仁有一種是來聽訓的感覺。如果外聘企業外部講師，一般講師的培訓內容都很棒，內容理論架構嚴謹，講師口才辨給，現場氛圍掌控良好，但是可能會因為講師個人不太瞭解公司的企業文化，培訓內容都是通則，總讓人感覺有那麼一點點小小的實務差距。

　　在此個人建議，當您已經是一位高階職業經理人，應該也可以自己編寫教材，自己培訓您的團隊。把您對從業敬業理念的認知，當作您日常帶領團隊言教、身教的教材，如此您在領導統御帶領團隊方面也會有極大的幫助。

13.3 行銷推銷知識面向

　　並非我們這一代人才有銷售活動與銷售行為，上一代人也有銷售活動與銷售行為；並非只有臺灣有銷售活動與銷售行為，外國也一樣早就有銷售活動與銷售行為。以前的營業銷售前輩與學者專家，留下許多寶貴的行銷推銷知識理論，這些知識理論是前輩們的實戰經驗累積，非常值得我們學習。坊間有許多關於此類的書籍，書中提供很多專業性的行銷推銷知識理論，很有參考學習價值。營業銷售高管可以挑選合適的書籍作為培訓教材。以下推薦六項實用的行銷推銷知識理論，如表 13-1，提供讀者參考。本章節選擇其中五項略作簡單介紹，第六項溝通說服技巧將在第十四章節中介紹。

表 13-1 行銷推銷知識理論

1. 客戶購買心理七個階段（13.3.1）	4. F.A.B.E. 推銷技巧（13.3.4）
2. 推銷的基本程序步驟（13.3.2）	5. 客戶異議處理技巧（13.3.5）
3. 推銷的四個階段（13.3.3）	6. 溝通說服技巧（14.5）

13.3.1 客戶購買心理七個階段

當您有機會與客戶（消費者）面對面溝通推介商品時候，這是您促成交易最好的良機。有一位學者專家告訴我們，這時候銷售人員可以觀察（預測、誘導）客戶消費購買心理反應情況，適時（巧妙）的進行推銷話術溝通促成交易。這位學者專家把在那當下客戶消費購買心理反應分為七個階段，稱之為客戶購買心理七個階段。（林慶玲編譯，1991）

我們分列客戶購買心理七個階段，如表 13-2，並簡述在各階段銷售人員應該（可以）進行的銷售話術。在此我們也必須有個務實的認知，消費購買心理有時候並非逐級階段式的反應，有時候會跳級反應，例如當客戶看到一件很喜歡很想購買的產品，不用銷售人員介紹，直接詢問價格（直接跳到第五階段比較），然後（信服、決定）就當場購買了。當然消費購買心理也會突然斷崖式的下滑，不管購買心理升到哪個階段，一個對話不小心，客戶可能就沒有購買欲望離開了，銷售人員要特別當心。

表 13-2 客戶購買心理七個階段

消費購買心理階段	誘導銷售情景
第一階段：注意	產品陳列擺設需要能夠吸引客戶眼球
第二階段：興趣	初步洽談話題主要是引起對方產生興趣
第三階段：聯想	使對方產生擁有或使用產品（好處）的聯想
第四階段：欲望	加強對方消費購買的心理強度
第五階段：比較	1. 客戶可能只是在心理與其他產品作比較 2. 客戶作比較後可能提出種種異議問題
第六階段：信服	對客戶提出的異議問題給予滿意的說明
第七階段：決定	最後促成交易

13.3.2 推銷的基本程序步驟

一位學者專家將推銷過程分解為七個基本程序步驟，稱之為推銷的基本程序步驟（取自個人留存筆記，忘了是哪本書或是哪次聽講，特此說明）。我們分列七個基本程序步驟，並就各程序步驟的情景與可能洽談內容事項，以及洽談時候應該注意哪些行銷推銷知識表列，如表 13-3。

表 13-3　推銷的基本程序步驟

	程序步驟	情景或可能洽談內容事項	應注意哪些行銷推銷知識
1	尋找客戶	要找出潛在客戶	—
2	接近客戶	拜訪客戶要有計畫要勤快	—
3	開場白	可能只有15秒讓您說明下列事項： • 見面第一句話要說什麼？ • 如何介紹自己？ • 如何介紹來的目的？	客戶購買心理七個階段
4	推薦商品	如何介紹商品引起興趣？	• 客戶購買心理七個階段 • F.A.B.E. 推銷技巧
5	客戶異議	客戶可能對公司政策，或產品的品質、包裝、價格等方面會有異議問題。	• 客戶購買心理七個階段 • 客戶異議處理技巧
6	溝通說服	• 異議能夠溝通說服才有成交機會 • 不要過分承諾	• 客戶購買心理七個階段 • 客戶異議處理技巧
7	結案成交	成交或不成交	客戶購買心理七個階段

13.3.3 推銷的四個階段

有一位學者專家將推銷過程分解為四個階段（林慶玲編譯，1991），稱之為推銷的四個階段。這位學者專家認為，應該依據推銷過程階段設定不同的推銷主題，這種推銷方法能夠提升銷售成交。我們分列推銷的四個階段與各階段的推銷主題，以及各階段洽談時候應該注意哪些行銷推銷知識表列，如表 13-4。

表 13-4　推銷的四個階段

推銷階段	推銷主題	應注意哪些行銷推銷知識
第一階段	推銷自己本身	客戶購買心理七個階段
第二階段	推銷商品的效用及價值	• 客戶購買心理七個階段 • F.A.B.E. 推銷技巧
第三階段	推銷商品	• F.A.B.E. 推銷技巧 • 客戶購買心理七個階段 • 客戶異議處理技巧
第四階段	推銷售後服務	• 客戶異議處理技巧 • 客戶購買心理七個階段

　　第一階段是推銷自己本身。如果推銷人員本身都不能被客戶接受，又怎麼期望客戶會購買商品呢？因此推銷的第一件事是成功的推銷自己本身。

　　第二階段是推銷商品的效用及價值。在商品尚未銷售之前，商品的效用及價值必需要為人所接受，到了第三階段才有機會將商品銷售出去，進而到了第四階段才能夠有售後服務說明機會，如此推銷過程將有層次以及階段重點主題。

　　那麼在哪一個階段才溝通談及產品價格呢？在四個階段中好像都沒有比較明顯的提出？在此個人給一個基本原則，只是參考，可能達不到通則標準。一般如果是常用的快消品，例如糖果、飲料類等產品，消費者對此類產品都已經有很多的消費經驗了，銷售時候不需要特別介紹產品內容或品質，您可以在任何推銷過程中談及，只要對促成交易有標準即可。

　　如果是需要說明產品使用方法或特別介紹產品功能效用者，例如某些化妝品，或電視機、筆電等，您可以在雙方已經洽談到大概沒有大的異議問題時候，在適當時候洽談價格促成交易。這時候大約是在推銷四個階段的第四階段，或推銷基本程序步驟第 6 項的溝通說服階段，而客戶心理可能處於在消費者購買心理的七個階段的第五階段「比較」與第六階段「信服」的兩階段之間。

13.3.4 F.A.B.E. 推銷技巧

商品的效用及價值是吸引客戶購買的前提，如果商品的效用及價值無法被認同，商品是絕對不會被客戶接受的。如何介紹商品的效用及價值可能需要一些推銷技巧。一位學者專家提出一種推銷商品的 F.A.B.E. 技巧（林慶玲編譯，1991）。

這位學者專家認為，每種商品皆可由四個角度分析，再針對分析設計出推銷方法，這就是所謂的 F.A.B.E. 推銷技巧。

我們將 F.A.B.E. 推銷技巧表列，如表 13-5，簡單說明推銷技巧的重點。並且以一個案例，如表 13-6，來說明 F.A.B.E. 推銷技巧的實務演練模式。

表 13-5　F.A.B.E. 推銷技巧

F 特徵	Feature	商品的效用價值，包括性能、外型、使用方便程度、耐久性、經濟性、價格等。 （說明產品本身有哪些功能）
A 優點	Advantage	針對 F 特徵，分析說明產品功能使用的優點、特殊性。 （強調產品本身功能優點）
B 利益	Benefit	客戶的利益。必須把 A 優點和客戶需求相連接，也就是說 A 優點能夠給客戶帶來什麼利益。 （強調對使用者利益）
E 證據	Evidence	支持上述 B 利益的證據。 E 證據可以是以前的使用者經驗，可以是現場操作示範，可以是佐證的證明書或照片等。

表 13-6 F.A.B.E. 推銷技巧演練案例

演練案例產品：S 品牌洗衣機

一	產品分析	分析說明
F 特徵	S 品牌洗衣機在底座有一個防老鼠進入的底盤	其他品牌沒有此底盤。 （沒注意時好像也沒什麼了不起）
A 優點	防止老鼠跑進洗衣機底座	老鼠如果跑進洗衣機底座，可能咬破洗衣機的內部電線導致漏電。
B 利益	這是特別重要的安全裝置	一般洗衣機裝置在浴室或陽臺，電源線插頭沒使用時候也不會拔下，如果老鼠咬破電線導致漏電，家裡有老人或小孩將會產生危險。
E 證據	舉幾個在附件新買洗衣機的客戶案例	（演練的時候，演練者誇大的說，從此臺北市政府規定，以後臺北市市民嫁女兒辦嫁妝只能買 S 牌洗衣機……引得大家哄堂大笑）

備註：這是一個實際的演練案例，案例雖然有年代，但是很經典。

13.3.5 客戶異議處理技巧

何謂客戶異議？凡是在銷售過程中，客戶對品牌認知、對產品品質、對產品使用、對產品效能、對產品包裝、對產品價格，乃至於對銷售服務態度以及以前購買使用的不愉快經驗等，在銷售現場與銷售人員的溝通洽談，還沒有達成一致性的意見看法（不一定是吵架），都統稱為客戶異議。

坊間有許多關於客戶異議處理技巧的書籍，書中提供很多專業性的處理技巧，很有參考學習價值。在此，個人把這些客戶異議以個案實鏡模式將異議場景分為下列五階段，並略微解說，如下：

1. 控制異議衝突程度

現場銷售人員與客戶，雙方就某一個問題在洽談過程中有不同意見，因而產生了異議，這時候銷售人員要特別注意控制洽談氛圍，不要真的與客戶爭吵了起來，畢竟銷售人員的工作是爭取成交，這叫做控制異議衝突程度。

2. 引導說出問題重點

雙方在洽談過程中產生了異議，其中可能因為夾雜一些與銷售無關的問

題，或客戶語義不通沒有表達其真正的問題看法，這時候銷售人員要引導客戶精準的說出重點問題。

3. 由開放式語句誘導成封閉式語句

開放性語句（Open Sentence），我們可以把它理解為形容詞語句。例如：品牌信譽不好、產品質感太差、使用沒有效果、價格太貴等。

封閉式語句（Close Sentence），我們可以把它理解為精準問題語句。例如：產品使用後產生紅斑、使用了三個月仍然沒有效果等。

雙方在洽談過程中，可能使用的都是一些開放性語句，開放性語句是無法進一步處理的，所以銷售人員要引導客戶用封閉式語句精準的說出問題重點。

4. 針對問題給與答覆處理

當客戶精準的說出問題重點之後，銷售人員依據問題重點進行溝通說服即可。不過有些問題可能需要一些專業知識才能回答，例如：產品使用後產生紅斑、使用了三個月仍然沒有效果等，對銷售業務可能需要有專業知識的培訓。

5. 處理過程不要過分承諾

過分承諾的意思是，甲說的 A 語句意思，乙聽成是 B 語句的意思。例如：甲業務到乙經銷商處洽談出貨事宜。乙對甲說：「上一季度的銷售獎金還沒發下，沒有出貨意願。」甲說：「好的，等我回公司幫您查一查。」甲的意思是查一查，而乙的意思是甲要把上季度獎金申請下來。

這就叫做過分承諾，銷售人員要注意在銷售過程不要產生過分承諾誤解。

13.4 銷售管理技能面向

銷售管理技能是營業銷售業務培訓的核心項目之一。本書中的每一個章節即是一項不同類型的銷售管理技能，營業銷售高管可以參考書中章節內容研擬規劃作為銷售業務培訓之項目。茲將本書中的銷售管理技能章節表列，如表 13-7。

表 13-7　本書中的銷售管理技能章節

第八章經銷商拓展業務配置政策	第十三章營業銷售業務培訓規劃
第九章銷售組織與工作職掌規劃	第十四章標準推銷話術演練培訓
第十章市場通路政策與銷售組織	第十五章營業銷售會議研擬規劃
第十一章通路衝突與區域經銷制度	第十六章營業銷售團隊激勵研擬
第十二章經銷商開發與評估選擇	第十七章營業銷售目標研擬與分配

　　經營管理、行銷企劃與營業銷售等管理技能，除了需要一些天分悟性之外，重要的還是需要有學習的過程。銷售管理技能培訓需要有手把手的教導過程。

　　我們以第十五章營業部銷售會議為例，營業銷售高管必需教導銷售業務如何研讀銷售管理表格，由管理表格瞭解目前的銷售狀況，由前後表格的關聯性發覺目前銷售有哪些可以改善的地方，進而提出提升銷售業績的具體作業方法。

　　如果站在職務工作需求角度來談，為什麼一位營業銷售人員需要學習各項銷售管理技能，簡單說明職務級別與銷售管理技能之間的關係，如表13-8。

表 13-8　職務級別與銷售管理技能之間關係

職務級別	職務工作	需求原因
總經理級高管	（略）	（略）
經理級主管	管理團隊與培訓團隊	需要具備銷售管理技能
基層幹部	研擬規劃銷售方案	需要學習銷售管理技能

13.5 管理制度辦法面向

　　一項管理制度辦法中規定需要執行的要點事項，不同的人可能會有不同的解讀認知。因此為了避免解讀的認知差異，為了避免執行時候可能產生的偏差爭執，某些重要的管理制度辦法在執行之前，就有事先宣達培訓的必要性。

哪些是重要的管理制度辦法？當然，各家企業會有其不同的重要管理制度辦法，我們表列下列三項制度辦法作為大家的參考。

1. 經銷商開發與評估選擇管理制度辦法。
2. 營業銷售會議制度管理辦法。
3. 經銷商拓展業務配置政策。

13.6 經理人的管理職責

13.6.1 營業銷售高管是經理人

如果他人的工作成果屬於您的職責範圍，您就是經理人，所以營業銷售高管當然是經理人。經理人有三項基本管理職者，達成公司交付的營業銷售目標是管理目標，組建一個有能力、有效率的團隊以及督導與管理團隊激發工作能力，這兩項管理職責的目的就是為了達成公司交付的營業銷售目標。

1. 組建一個有能力、有效率的團隊。
2. 督導與管理團隊，激發工作能力。
3. 達成公司交付的營業銷售目標。

教導與培訓是經理人的重要管理職責。我們常常希望部屬具有較強的工作能力，但是期望部屬能勝任某項工作之前，您必須先瞭解他是否具備了執行該項工作任務的相關知識與技能。通常您希望招聘已有相當工作經驗的人員，但是很少有應徵人員在招聘之初即具備了該應徵職缺的所需要的知識與技能，即使是招聘從同行業轉來的人員亦是如此。所以營業銷售高管要有個基本認知，教導與培訓是經理人帶領團隊的一項重要管理職責。

13.6.2 經理人的管理真諦

有一句古話說水漲船自高。經理人的績效是所有部屬工作成果的累積總和，提升部屬的工作能力就等於提升經理人自己的工作能力。多數經理人似乎重視對部屬監督與管理的權威面，較少意識到教導與培訓的責任面。

管理如果缺乏教導與培訓過程，自然無法期望能夠帶出具有較強工作能力的團隊。經理人必須將其具備的工作技能與專業知識，透過教導與培訓過

程，傳授給部屬以提升部屬的工作能力，這是經理人對部屬的管理真諦！

13.6.3 管理問題還是培訓問題

管理問題不能用培訓的方法來處理。有時候是培訓問題還是管理問題？經理人需要先分清楚。部屬不知道怎麼做？缺乏相關的知識或技能，這是培訓問題。部屬知道怎麼做，但是不好好做或不願意去做，這是管理問題。

管理問題要針對問題處理，或用溝通模式、或用督導模式、或用強制模式、或用淘汰機制等不同方式來處理，而無法用培訓方法來處理。

13.7 培訓教導模式分享

以前讀過美國詹姆斯‧艾佛勒（James Evered）總裁的著作（李田樹譯，1991），其中有篇文章談及培訓教導的模式，摘錄部分重點提供經理人培訓參考。

1941 年美國因二戰全國動員，製造日常用品的工廠必須立即投入生產戰略物資，有好幾百萬的美國人幾乎只經過一夜的訓練，就被調到生產線上去工作，這些人必須學習自己以前從未接觸過的工作。在那緊急的情況下，訓練變成無法想像的困難，由於沒有時間空談訓練的理論，因此當時就發展出一種最基本的五大訓練步驟。到目前為止，它仍被認為是訓練他人如何做好一件工作的最佳方式。

1. 告知：告訴員工您要教什麼及原因，讓他們知道您所教的與他們有關。
2. 示範：一步一步的示範如何操作，並在示範過程中詳加解釋。
3. 觀察：當員工實地操作時在一旁觀察，直到確定每個步驟都正確無誤為止。
4. 口頭解釋：員工在實地操作時，要求同時一步一步的複誦操作過程及原因。
5. 定期檢查：定期檢查有兩個目的，確認員工是否一直用正確的方法在工作，同時給予正面積極的回饋與激勵。

13.8 銷售業務即戰力培訓

13.8.1 何謂即戰力培訓

　　即戰力的原本意思有此一說，哪些戰術戰鬥技能？哪些武器裝備？如果這些是戰士們在戰場作戰時候用得到的，在戰士們即將赴前線戰場之前必須給予訓練與裝備配置，以提高戰士們在戰場上的戰鬥力量。在此，我們把這個觀念應用到銷售業務的培訓方面，這就是銷售業務即戰力培訓的思維模式。

13.8.2 銷售業務即戰力培訓模式

　　我們抓住一個基本思維，即戰力培訓是基於提高銷售業務在市場上的戰鬥能力（業務銷售能力）。所以我們在研擬規劃即戰力培訓模式的時候，可以把銷售業務培訓的四個面向：從業敬業理念、行銷推銷知識、銷售管理技能以及管理制度辦法，當做四項變數，再把銷售業務的服務年資或職務職稱，也當做一項變數。

　　然後基於提高銷售業務的銷售能力來規劃培訓內容。以下我們做個即戰力培訓規劃的思維模型，如表 13-9。

表 13-9 即戰力培訓內容規劃（例）

職務職稱	從業敬業理念	行銷推銷知識	銷售管理技能
（略）	（略）	（略）	（略）
課級主管	－	（已培訓過）	營業銷售會議制度、經銷商開發教戰手冊、營業銷售目標研擬與分配
銷售業務	－	（已培訓過）	經銷商開發評估選擇技巧、標準推銷話術演練
新進人員	應具備的服務精神，提升自我工作能力	客戶購買心理七階段、推銷的基本程序步驟、F.A.B.E. 推銷技巧、客戶異議處理技巧	（略）

13.9 營業銷售業務培訓小結

- 銷售業務培訓應該專注在與銷售有關的行銷管理技能與行銷推銷知識。
- 銷售業務培訓是營業銷售高管必需具備的行銷管理技能之一。
- 個人銷售業績＝個人銷售能力 × 品牌產品戰力。

Chapter

14

標準推銷話術演練培訓

14.1 何謂標準推銷話術

　　針對在銷售過程中，客戶一定會問到的問題，或經常會問到的問題，或可能會問到的問題，或被問到時候比較難回答的問題，以及需要專業知識來回答的問題等，針對此類問題排定銷售業務演練應對回答話語的培訓，期使對銷售過程中的溝通洽談或促成交易，能夠有所幫助。此類的回答話語我們一般稱之為「標準推銷話術」。茲將上列問題表列如下：

1. 一定會問到的問題。

2. 經常會問到的問題。

3. 可能會問到的問題。

4. 被問到時候比較難回答的問題。

5. 需要專業知識來回答的問題。

14.2 演練標準推銷話術有何好處

　　標準推銷話術演練，要注意行銷推銷知識的應用，例如：客戶購買心理七個階段、推銷的基本程序步驟、推銷的四個階段、F.A.B.E. 推銷技巧、客戶異議處理技巧等。為何要演練標準推銷話術？表列演練標準推銷話術的好處與目的，如下：

• 演練過程中，加強對產品專業知識以及銷售技巧的學習。

• 現場應對得當，增加客戶的洽談意願以及提升購買意願。

• 專業知識以及銷售技巧的學習提升，提升個人的銷售能力。

• 藉由提升個人銷售能力，提升個人銷售業績。

　　一線品牌的銷售業務，由於品牌產品的知名度比較高，品牌產品通路戰力也比較強，經銷商對品牌產品的需求度也比較高，銷售業務的銷售業績可能也會比較好，但是一般比較難看出銷售業務的個人銷售能力。

　　二線品牌的銷售業務，由於品牌產品的知名度沒有那麼高，品牌產品通路戰力可能也沒有一線品牌產品那麼強，因此，銷售業務就更需要加強提升個人的銷售能力。這時候標準推銷話術演練培訓就格外重要。

14.3 哪些單位需要話術演練培訓

基本上，凡是工作上需要面對客戶或消費者，以及需要與客戶或消費者對話溝通的一線人員，都有標準推銷話術演練的需求。例如：營業銷售人員、櫃檯銷售人員、展示廳服務人員、電話客服人員以及維修人員等。

公司的標準推銷話術演練培訓，也可以延伸到培訓經銷商的銷售業務人員。其中的理由很簡單，經銷商銷售業務人員的銷售能力提升，經銷商的銷售業績自然也會提升，而經銷商銷售業績提升了，當然也會帶動公司銷售業績的提升。

14.4 話術演練應該注意的幾項原則

14.4.1 客戶異議處理原則

1. 控制「異議衝突程度」。
2. 誘導對方說出異議問題重點。
3. 由開放式語句誘導成封閉式語句。
4. 針對異議問題給予答覆處理。
5. 答覆處理時候不要「過分承諾」。

14.4.2 銷售洽談的三大原則

1. 不要贏得真理而丟掉生意

銷售洽談的目的是爲了促成交易，在銷售洽談中，即使客戶意見不是很正確，也不需要與客戶爭辯到底。因爲即使您贏了爭辯可能會失掉該筆生意。

2.「生死人肉白骨」的時代過去了

銷售洽談對銷售業務來說，是一項有目的性的工作。在與客戶銷售洽談時，注意客戶的購買心理，針對產品推銷介紹即可。不需要說得口沫橫飛，一副好像可以把死人說得再活過來，可以讓白骨再長出肉來的那麼厲害。

3. 不要談論公司內部是非

銷售洽談中難免會談到一些公司事務，但是千萬要記住不要談論公司內部是非。

14.4.3 銷售洽談的四大目標

1. 探詢客戶購買需求

銷售洽談的目的是為了促成交易，所以銷售業務在與客戶銷售洽談過程中，必需同時挖掘客戶購買需求，不要光顧著聊天，一味的推銷產品。

2. 瞭解客戶購買心理

銷售業務在與客戶洽談過程中，銷售業務必需時時注意觀察客戶消費購買心理反應（預測、推測），適時（巧妙）的進行推銷話術溝通促成交易。

3. 注意客戶個性

每個人的個性都不盡相同，個性會反應在購買過程之中。例如：有些人在購物的時候，您告訴他產品品質如何如何，他會問您公司產品有沒有 ISO 認證。您告訴他產品含有 Q10，他可能跟您抬槓說，現在不是有 Q11 問世了嗎？有些人個性偏向喜歡直來直往，在購買過程中不喜歡您跟他有太多的產品推介，所以銷售業務在銷售洽談過程中要注意客戶的個性。

4. 及時推介產品

不管客戶個性如何？不管是否探詢到客戶什麼購買需求？銷售業務必須牢牢記得，銷售洽談過程中最重要的還是需要及時推介商品。

14.5 由溝通層次提升到說服層次

14.5.1 何謂溝通層次？何謂說服層次

在此我們需要先瞭解，何謂溝通層次？何謂說服層次？我們簡單的說明如下。

A 是一項訊息，或一件事務。甲需要把 A 告知乙。甲告知乙之後，至於乙是否接受或執行 A，不在甲的考量範圍之內，如此我們可以這樣子理

解，甲對乙的告知是一種「溝通層次」。如果甲在告知乙之後，甲期望乙能夠接受或執行訊息 A，這時候甲可能需要好好的考慮，如何把 A 告訴乙，才能達到甲的期望，這時候我們可以這樣子理解，甲對乙的告知必需提升到一種「說服層次」。

14.5.2 溝通層次

溝通訊息由五大部分組成：1.訊息的傳播者；2.訊息的接受者；3.訊息本身架構；4.時間道具環境；5.結果效果。我們舉例簡單說明如下：

1. 訊息的傳播者

一位銷售業務正在向經銷商推銷產品，銷售業務即為溝通訊息的傳播者。

2. 訊息的接受者

經銷商在聽取銷售業務推銷產品的訊息，經銷商即為訊息的接受者。

3. 訊息架構本身

銷售業務向經銷商推銷產品的說辭內容，或先說產品功能，或先說產品價格，或先說產品銷售利潤，或先說促銷獎勵辦法等，此即為訊息架構本身。

4. 時間道具環境

銷售業務在什麼地方向經銷商推銷產品。銷售洽談時間（一大早剛上班時候），銷售洽談有使用什麼道具（樣品、型錄），銷售洽談地方（辦公室、倉庫）。此即為時間、道具、環境。

5. 結果效果

銷售洽談結果如何？不知道，可能有成交？可能沒有成交？

14.5.3 說服層次

我們可以這樣認知，溝通層次僅是告知、通知，其溝通結果效果不得而知，所以如果您期望溝通是有結果、有效果的，就必需將溝通層次提升到說服層次，簡單的說，您可能需要調整一下溝通層次的架構順序。我們舉例簡單說明如下：

1. 界定預期的目標（結果效果）

在銷售洽談前您必需先界定銷售洽談目標，例如：一定要接到訂單。

2. 分析接受者個性（訊息接受者）

這時候您必須分析瞭解一下洽談對方的個性。

3. 架構訊息內容（訊息本身架構）

然後依據您界定的目標以及對方的個性，兩項變數來架構訊息內容。此即要如何與對方洽談，先談什麼？再談什麼？以提升說服對方機率。

4. 時間環境道具

此即您可能需要考慮，在什麼時間段？在什麼地方？要不要準備什麼材料？以提升說服對方機率。

5. YOU 您（訊息的傳播者）

然後，這些都是您，由溝通層次提升到說服層次需要傷腦筋的事。

14.5.4 溝通層次與說服層次的關係示意圖

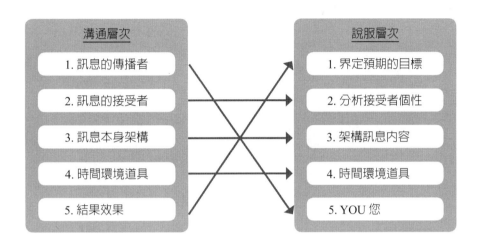

溝通層次
1. 訊息的傳播者
2. 訊息的接受者
3. 訊息本身架構
4. 時間環境道具
5. 結果效果

說服層次
1. 界定預期的目標
2. 分析接受者個性
3. 架構訊息內容
4. 時間環境道具
5. YOU 您

14.6 標準推銷話術議題蒐集

標準推銷話術演練培訓首先必需先提煉話術議題，話術議題如何尋找提煉？以下是幾個方向提供參考使用。

1. 由推銷的基本程序步驟中，尋找提煉話術議題。

   例如：第一次陌生拜訪客戶，您如何自我介紹？如何介紹公司？

2. 由推銷的四個階段中，尋找提煉話術議題。

   例如：您負責推銷公司新產品電熱毯，您如何推銷電熱毯？

3. 由 F.A.B.E. 推銷技巧中，尋找提煉話術議題。

   例如：推銷公司新產品電熱毯，您如何說明電熱毯對使用者有何好處？

4. 由客戶異議處理技巧中，尋找提煉話術議題。

   例如：客戶對使用電熱毯，怕漏電被灼傷，您如何說明電熱毯使用的安全性？

5. 由客戶購買心理七階段論中，尋找提煉話術議題。

   例如：客戶對產品很滿意就是感覺價格太貴，您如何說服成交？

6. 由營業現場蒐集客戶經常提問的議題。

   例如：客人看上一套沙發，對品質與價格都很滿意，但是公司只剩下這套展示品，您如何說服客人購買這套展示品沙發？

14.7 標準推銷話術培訓：案例分享

　　這是中國大陸內地某家股票上市大型板式家具生產製造企業，當年銷售賣場展示廳銷售人員的培訓教材之一。當年該企業在中國大陸內地設有 26 個營業部，每個營業部下轄約有 10〜20 家區域經銷商，每家區域經銷商的銷售展示廳面積約有 2,000〜4,000M^2。

14.7.1 蒐集銷售展示廳經常被提問問題

- 實木家具和板式家具有什麼不同之處？
- 我喜歡這套床組，但感覺與我家的裝修風格不匹配？
- 我想要 XX 款式沙發組，貴公司缺貨了，等進貨了以後再來買。
- 這套茶几組品質不錯，價格 85 折太貴了，能不能打 7 折？
- 某牌和你們的產品品質差不多，為什麼你們比他貴 500 多塊？
- 你們的家具會不會不環保呢？
- 白色家具容易變黃，你們的家具會嗎？
- 什麼是甲醛？甲醛對人有什麼危害？

14.7.2 標準推銷話術培訓：實例分享 1

A（客戶提問）：
我想買○○款式，現在沒有貨了嗎？等你們有貨了，請通知我再來買吧！
B（應對話術）：
美女對不起，您想要的○○款式已經賣完了，我特別向您推薦 XX 款，這兩款風格很類似，而且 XX 款檔次還略高一點，款式也特別新穎，是兩個月前新推出的，顧客認知度也很好……（四川人稱呼女性一般都稱對方美女）。

14.7.3 標準推銷話術培訓：實例分享 2

A（客戶提問）：（需要專業知識回答的問題）
白色家具容易變黃，貴公司產品會嗎？
B（應對話術）：
先生您這個問題很專業，看來您很瞭解家具，先生您也知道，白色家具變黃

主要是因爲油漆、空氣、光等產生的化學反應，現在全世界都解決不了這個問題，只有一個辦法，就是在漆裡加上合適比例的耐黃素以延緩黃變的速度。

本公司採用專業用的家具油漆，在耐黃素上完全按國際標準添加。保證在同樣的條件下，較不會變色。而現在市面上大多家具廠因爲耐黃素很貴的原因，加上又沒有國家的強制標準，所以很快就會變色。

14.7.3 標準推銷話術培訓：實例分享 3

A（客戶題問）：

這套沙發是展示品，一定很多人坐過了，我不想買了。

B（應對話術）：

1. 美女您好，這組沙發是我們公司二十週年慶時特別推出回饋老客戶的限量版沙發，款式新、品質還特別好，您看，在展示廳還特別套上透明保護套，基本上是不讓客人試坐的。還記得嗎？剛剛您想試坐，很抱歉，我們也沒讓您試坐。

2. 因爲是限量版，這是最後一套，如果您願意，我們可以在配送到府之前，重新再檢查一次，並做一次特殊的消毒清潔保護，不收您額外的費用，算是服務。

3. 一般家具保護期爲一年，我們特別爲您延長到兩年，再加送您兩個沙發抱枕！

14.8 推想對方可能提出的問題演練

1. 陌生拜訪客戶時，櫃檯人員可能會用什麼理由拒絕您？如何得體的回答？

2. 推銷產品的時候，客人說產品品質不錯，但是價格有點貴了，如何得體的回答？

3. 提出邀約成爲經銷商的時候，經銷商可能會提出什麼的條件？如何得體的回答？

14.9 話術提煉培訓的成功關鍵因素

1. 話術分類提煉
- 要由拜訪程序步驟中分析話術種類（例如：銷售業務）。
- 要由銷售現場蒐集問題（例如：櫃檯銷售）。

2. 應對回答話術的編寫
- 要符合現場情景。
- 編寫人員需要有較專業的銷售經驗與素養。

3. 專業知識的回答
- 要轉換使用客戶（或經銷商）聽得懂的話語。
- 要記得目的是為銷售，而不是展示自己的口才。

4. 推銷話術演練
- 注意客戶當下購買心裡的反應。
- 注意肢體語言的使用。
- 注意說話的語氣語調。

14.10 標準推銷話術演練培訓小結

　　大家必須有個正確的認知，標準推銷話術演練培訓，是有助於提升銷售業務的營業銷售業績，但是並沒有說，做了標準推銷話術演練培訓以後，銷售業務的營業銷售業績就一定會提升，因為營業銷售業績提升還牽涉到其他許多相關問題。

　　這就像我們參加溝通談判技巧培訓，並不一定保證您每一次都能贏得談判說服對方，但是您會瞭解溝通談判的思維邏輯。
- 標準推銷話術培訓，是最有效的銷售業務即戰力培訓之一。
- 銷售業務的銷售技巧培訓，標準推銷話術培訓是重要環節。
- 銷售技巧能力的提升，不要停留在懂不懂階段，要常常自我練習。
- 銷售技巧能力的提升，對您的未來工作會有很大的幫助。

營業銷售會議研擬規劃

15.0 章節前言

- 營業銷售會議需要依據組織層級規劃不同層級的銷售會議。
- 營業部會議是營業部經理必須具備的銷售管理工具。
- 公司營業銷售會議是總經理必須具備的銷售管理工具。

15.1 組織層級的營業銷售會議

　　基於對區域市場的拓展精耕，企業營業銷售團隊有愈來愈大的趨勢，尤其是大陸地區企業。大陸地區幅員廣闊、人口眾多，一般企業以省區為單位，在省區設置省級營業部負責拓展該省區市場。因此，營業銷售會議應該以組織層級來規劃不同層級的銷售會議，亦即需要規劃兩個組織層級的銷售會議，省級營業部銷售會議以及公司營業銷售會議。

- 省級營業部經理先在省區召開省級營業部銷售會議，彙總省級營業部銷售會議資料，回到企業總部參加公司營業銷售會議。
- 公司營業銷售會議，省級營業部經理直接向總經理報告省區的銷售狀況，並接受總經理與企業總部其他職能部門主管的銷售工作諮詢。

15.2 營業銷售會議模式規劃

　　營業銷售會議至少要有以下五項會議事項規劃，缺少其中任何一項都會影響到營業銷售會議召開的品質與成效。

1. 營業銷售會議必須要有營業銷售會議議程規劃。
2. 營業銷售會議需要有一套專用的會議銷售管理表格
   - 會議銷售管理表格要能夠具體反映銷售進度與業績達成狀況。
   - 營業銷售會議報告必須統一使用會議銷售管理表格來報告。
3. 營業銷售會議必須規劃成為下屬向上級主管報告工作的會議模式
   - 省級營業部銷售會議，銷售業務向營業部經理報告營業銷售工作。
   - 公司營業銷售會議，營業部經理向總經理報告省區的營業銷售工作。
4. 營業銷售會議必須規劃在每月的固定時間段內召開。

5. 會議銷售管理表格必須在銷售會議之前至少提早一天送呈上級主管。

15.3 營業部銷售會議制度：案例分享

　　附件 15-1 是一家中型食品生產企業的省級營業部銷售會議制度。營業部銷售會議模式為銷售業務向營業部經理報告工作結果的會議模式，銷售業務報告統一使用銷售會議專用的銷售管理表格。營業部銷售會議由營業部經理主持，公司總部得派總部營業高階主管參加。公司總部各職能部門，如果有需要溝通事項亦可分派人員參加。

　　營業部銷售會議議程分為六項主要議程：

1. 上月「銷售會議紀要」執行追蹤。
2. 銷售業務銷售工作報告。
3. 營業部經理會議小結以及工作諮詢。
4. 公司其他部門主管相關工作溝通。
5. 公司上級領導工作諮詢與指示。
6. 下月會議追蹤事項確認。

15.4 營業部銷售會議制度：案例說明

　　營業部銷售會議制度，詳附件 15-1。

　　行銷企劃經理人在規劃營業部銷售會議時候必需抓住兩項要點：

1. 營業部銷售會議是營業部經理必備的銷售管理工具之一。
2. 會議銷售管理表格要能夠具體反映銷售進度與業績達成狀況。

　　基於上述的兩項要點，行銷企劃經理人必須先規劃銷售管理事項，再將銷售管理事項轉換成為會議銷售管理表格。會議銷售管理表格規劃完成之後，必須先行呈核行銷高階高管或總經理，並聽取行銷高階高管意見，或增加或減少某些管理表格，或者是某些表格內容需要調整修改。營業部銷售會議如果是以制度辦法模式編寫，則必需核准之後才能實施。

　　營業部銷售會議制度提出十項銷售管理事項，如表 15-1。在此簡單說明，銷售管理數據統計分析，必須建立在相同時間基礎上才具有分析的意

義，例如：20x1 年與 20x2 年兩個年度的 12 個月銷售數據統計分析、20x1 年與 20x2 年兩個年度的 6 月分銷售數據統計分析。所以，除了因爲有新的管理事項而需要增加新的銷售管理表格之外，會議銷售管理表格建立之後，最好保持一個完整年度的數據統計之後再作調整。

表 15-1 營業部銷售會議銷售管理事項

銷售管理事項（表格）	表格	備註說明
經銷商銷售業績統計表	表 1	銷售業務與所屬經銷商的銷售業績統計
經銷商銷售業績分析表	表 2	經銷商業績與去年同期業績之成長分析
經銷商產品品項銷售統計表	表 3	經銷商銷售產品品項之統計
經銷商庫存統計表	表 4	統計經銷商庫存產品數量以及產品的保質期
市場庫存比率分析表	表 5	統計市場通路庫存產品數量
銷售業務管銷促銷費用統計表	表 6	統計銷售業務的各項管銷促銷費用
銷售業務管銷促銷費用分析表	表 7	各項管銷費用與銷售業績之占比分析
經銷商銷售業績結構分析表	表 8	統計經銷商數量與空白區域數量，並分析現有經銷商的每月出貨金額結構狀況
區域經銷商開發進度表	表 9	空白區域經銷商開發之進度追蹤
潛在經銷商基本資料表	X 表	專項表格編號，作為表 9 的說明附件

15.5 日常銷售管理制度：案例分享

日常銷售管理制度，詳附件 15-2。

銷售業務需要自己製作會議銷售管理表格，在營業銷售會議中報告自己的銷售業績狀況。銷售業務如果沒有將一個月的銷售資料好好先做整理，到時候很難「準確」與「及時」做出銷售管理事項表格。

因此，我們可以直接配套會議銷售管理表格，將會議銷售管理表格製作的前置作業，規劃成爲銷售業務的日常管理事項，並轉換成爲日常銷售管理表格。如此一來，日常銷售管理表格就成爲會議銷售管理表格的工作底稿。也就是說，如果銷售業務平常即做好日常管理表格，就可以在營業部銷售會

議中報告工作。以下我們以表 15-2，說明日常銷售管理表格與會議銷售管理表格之間的關聯。

表 15-2 日常銷售管理表格與會議銷售管理表格之關聯說明

日常銷售管理表格	會議銷售管理表格
經銷商進貨與庫存統計表－A 表	經銷商銷售業績統計表－表 1
	經銷商銷售業績分析表－表 2
	經銷商產品品項銷售統計表－表 3
	經銷商庫存統計表－表 4
	市場庫存比率分析表－表 5
	經銷商銷售業績結構分析表－表 8
銷售業務管銷促銷費用統計表－B 表	銷售業務管銷促銷費用統計表－表 6
	銷售業務管銷促銷費用分析表－表 7
潛在經銷商基本資料表－X 表	區域經銷商開發進度表－表 9

15.6 營業部銷售會議的執行管理

15.6.1 認知銷售管理表格的管理意涵

1. 每一張銷售管理表格都有其要表達的銷售管理目的

必須教導銷售業務明確瞭解每一張銷售管理表格的管理目的。

2. 營業部經理必需教導銷售業務如何研讀銷售管理表格

如何閱讀銷售管理表格瞭解目前的銷售狀況，由表格的關聯性發覺目前銷售還有哪些應該改善的地方？進而思考提升銷售業績的具體方法。

15.6.2 要求及時與準確的提交管理表格

1. 營業部經理必須培訓銷售業務如何製作銷售管理表格。

2. 部分銷售管理表格如果可以利用電腦自動生成，營業部經理應該教導銷售業務如何使用電腦自動生成銷售管理表格（例如：Excel 樞紐分析）。

3. 營業部經理應該要仔細閱讀銷售管理報表，從中瞭解銷售業務的銷售狀況，進而管理與輔導銷售業務的銷售工作。營業部經理如果不仔細閱讀銷售管理報表，例如：表格填寫不規範、有許多數字統計錯誤、表格有空白欄位等，營業部經理也沒有發覺與及時糾正，久而久之，銷售業務知道營業部經理並沒有仔細的看銷售管理表格，只是閉著眼睛簽字，營業部經理將在不知不覺中喪失在銷售業務心中的領導管理威信，更嚴重的是銷售管理制度將無法有效的落地執行。

15.6.3 銷售會議需要有淘汰機制配套

營業部銷售會議是營業部經理必備的銷售管理工具。營業部銷售會議實施之後，營業部經理應該考慮淘汰兩類銷售業務人員，銷售管理如果沒有淘汰機制配套，營業銷售團隊將變成一灘死水。

1. 不能及時與準確提交銷售管理表格，經輔導後仍然無法改進的銷售業務人員。
2. 淘汰銷售業績不好的銷售業務人員。

以銷售管理制度與營業銷售業績作為淘汰標準，淘汰銷售業績不好的銷售業務人員，對外選聘有銷售潛力的銷售業務人員加入銷售團隊。新進銷售業務人員有銷售管理制度作為培訓輔導教材，銷售團隊的銷售管理素質與營業銷售能力自然能夠提升。

15.7 公司營業銷售會議

公司營業銷售會議是總經理必備的銷售管理工具。省級營業部經理長期帶領銷售團隊在省區經營拓展市場，有如以前的巡撫、總督等封疆大吏。公司基於銷售管理需求，應該要有定期的公司營業銷售會議制度，規劃省級營業部經理回到公司總部述職，向總經理報告省區市場經營狀況。總經理依據各營業部的銷售狀況，研擬或調整公司市場經營策略。

公司營業銷售會議一般由總經理主持，銷售管理部負責召開。銷售管理部從公司整體銷售狀況，統計分析各營業部的銷售進度以及營業績效，同時複核各省級營業部的會議報告資料是否與公司的銷售資料相吻合。行銷企劃

部從公司整體銷售狀況，分析各項行銷政策辦法的執行狀況。銷售管理部、行銷企劃部、省級營業部，三個部門三種角度的銷售會議資料報告，在公司營業銷售會議中向總經理匯報工作，這是公司營業銷售會議的銷售管理價值所在。

15.8 公司營業銷售會議制度：案例分享

附件 15-3 是一家中型食品生產企業的公司營業銷售會議制度案例。公司營業銷售會議規劃成爲三個部門：銷售管理部、行銷企劃部、省級營業部，向總經理匯報工作的會議模式。案例中分享了會議議程以及各部門報告報表。本章節分享銷售管理部門報告報表，如附件 15-4。省略了其他部門報告表單。

公司營業銷售會議制度，如附件 15-3，會議由銷售管理部負責召開，會議由總經理擔任會議主持人，會議議程分爲八項主要議程。

1. 上月「營業銷售會議紀要」執行追蹤報告。
2. 銷售管理部報告－附件 15-4。
3. 省級營業部報告－附件 15-6（略）。
4. KA 銷售部門報告－附件 15-7（略）。
5. 行銷企劃部報告－附件 15-8（略）。
6. 跨部門事項溝通－附件 15-5。
7. 總經理工作諮詢與指示。
8. 下月會議追蹤事項確認。

15.9 營業銷售會議隱含剛性管理

營業部銷售會議規劃成爲銷售業務向營業部經理報告工作的會議模式，銷售業務需要使用會議銷售管理表格報告自己的銷售業績狀況，銷售業務如果沒有作好日常銷售管理表格資料以及會議銷售管理表格資料，就無法在營業部銷售會議中報告自己的銷售業績狀況。

營業部銷售會議模式敦促銷售業務必要關心自己的銷售狀況，作好自

己的銷售管理表格資料。營業部經理必須督導銷售業務做好銷售管理表格資料，開好營業部銷售會議，營業部經理才能有完整的省區銷售資料向總經理報告。而且銷售管理部從公司整體銷售狀況統計分析，查核營業部的省區銷售資料是否與公司整體銷售資料相吻合。營業銷售會議制度規劃如此環環相扣形成一種剛性的管理要求。

15.10 跨部門溝通會議議程

　　省級營業部經理難得有機會回到公司總部述職。公司召開全國性的營業銷售會議，省級營業部經理可能有一些問題事項想與公司總部的職能部門溝通，而公司總部職能部門也可能有一些問題事項想與省級營業部經理面對面的溝通，因此公司營業銷售會議就有規劃跨部門溝通議程的需要性。

　　這些需要溝通的事項問題，可能平常彼此部門之間已經有過多次的溝通協調，但是可能基於某種原因仍無法解決。因此仍無法溝通解決的事項問題，就可以使用跨部門溝通事項單，如附件 15-5，在公司營業銷售會議中提出溝通協調。

　　跨部門溝通事項單，必須在銷售會議召開前一天，或更多天前，正式通知溝通對方部門，讓溝通對方部門能夠事先針對問題有所準備，銷售會議中才能有好的溝通結果。而且必須規定，銷售會議中只討論事先提交的跨部門溝通事項單，避免會議溝通過程彼此情緒化衝突，臨時起意胡亂的提出攻擊性事項問題。

🖱附件

1. 附件 15-1，營業部銷售會議制度。
2. 附件 15-2，日常銷售管理制度。
3. 附件 15-3，公司營業銷售會議制度。
4. 附件 15-4，銷售管理部報告報表。
5. 附件 15-5，跨部門溝通事項單。

附件

附件 15-1　營業部銷售會議制度

歐豪食品股份有限公司

<u>文件名稱</u>

<u>營業部銷售會議制度</u>

<u>銷售業務報告報表</u>

文件編號：

文件版別：

生效時間：

制訂	審核	核准

營業部銷售會議議程

銷售會議議程	主持人／報告人
一、宣布銷售會議開始	營業部經理／行政
二、上月「銷售會議紀要」執行追蹤	營業部經理／行政
三、銷售業務銷售工作報告	營業部經理／銷售業務
1 經銷商銷售業績統計表－表 1	銷售業務 A／銷售業務 B／銷售業務 C
2 經銷商銷售業績分析表－表 2	銷售業務 D／銷售業務 E／銷售業務 F
3 經銷商產品品項銷售統計表－表 3	
4 經銷商庫存統計表－表 4	
5 市場庫存比率分析表－表 5	
6 銷售業務管促費用統計表－表 6	
7 銷售業務管促費用分析表－表 7	
8 經銷商銷售金額結構分析表－表 8	
9 區域經銷商開發進度表－表 9	
10 潛在經銷商基本資料表－X 表	
11 本月重點工作總結報告－表 20	
12 下月重點工作計畫－表 21	
四、營業部經理會議小結及工作諮詢	營業部經理
五、公司其他部門主管相關工作溝通	營業部經理／其他部門主管
六、公司上級領導工作諮詢與指示	公司上級領導
七、下月會議追蹤事項確認	營業部經理／行政
八、主持人宣布會議散會	營業部經理

經銷商銷售業績統計表－表1										
銷售業務					時間		年　月		單位	元
序號	地區	經銷商	1月	2月	3月	4月	5月	～	11月	12月	累計
1										
2										
3										
4										
5										
6										
銷售業務業績										
銷售業績達成	銷售目標									
	目標達成%									

經銷商銷售業績分析表－表2															
銷售業務						時間			年　月			單位		元	
			1月			2月			～			12月		累計	
序號	地區	經銷商	今年	去年	同比成長	今年	去年	同比成長	今年	去年	同比成長	今年	去年	同比成長	今年	去年	同比成長
1															
2															
3															
4															
5															
6															
	合計														

經銷商產品品項銷售統計表－表3

經銷商

序號	銷售業務 產品基本資料 品類	品項	口味	包裝／人數	單箱金額	時間　年　月　～　年　月 1月 金額	箱數	2月 金額	箱數	~ 金額	箱數	12月 金額	箱數	累計 金額	箱數
1															
2															
3															
4															
5															
6															
7															
8															
合計															

填寫說明

1. 產品基本資料品類品項填寫，要填上公司所有提供銷售的品類品項產品，不是只填寫經銷商出貨的品類品項。
2. 公司品類品項產品如果太多，要選擇盡量多的品類品項填寫。例如有180項，選擇80項填寫。
3. 品類品項產品選定以後，在表3的序號排列要固定位置，如果有其他品項產品銷售就填寫在第80項之後。

經銷商庫存統計表－表 4					
銷售業務			時間	年　月	單位／箱
序號	地區	經銷商名稱	庫存數量		
			4個月内（含）	4個月以上	合計
1					
2					
3					
4					
5					
6					
合計					

市場庫存比率分析表－表 5									
銷售業務									
月分			1月	2月	3月	4月	～	11月	12月
經銷商總出貨箱數 A（向公司進貨箱數）									
經銷商總庫存箱數 B									
市場庫存比率（B/A）									
重點品項	X 品類	經銷商總出貨箱數 A							
		經銷商總庫存箱數 B							
		市場庫存比率（B/A）							
	Y 品類	經銷商總出貨箱數 A							
		經銷商總庫存箱數 B							
		市場庫存比率（B/A）							

銷售業務管銷暨銷促銷費用統計表－表6

銷售業務	費用科目		時間　年　月　單位／金額									累計
			1月	2月	3月	4月	5月	6月	~	11月	12月	
管銷費用	1	差旅費										
	2	招待費										
	……	……										
	5	其他費用										
		小計										
促銷費用	1	進場條碼費										
	2	促銷費用										
	3	即期品處理										
	……	……										
	5	其他促銷費										
		小計										
廣告費用	1	地區廣告費										
	2	……										
		小計										
		管銷促銷費用合計										

銷售業務管銷促銷費用分析表－表 7

銷售業務		時間				年		月	～		月						
		1月			2月			～			12月			累計			
序號	費用金額	業績 X	費用	比率% Y	業績 X	費用	比率% Y	業績 X	費用	比率% Y	業績 X	費用	比率% Y	業績 X	費用	比率% Y	
1	管銷費用 A																
2	促銷費用 B																
3	廣告費用 C																
	費用合計 D																

填寫說明

1. 管銷費用比率＝A/X，2. 促銷費用比率＝B/X，3. 廣告費用比率＝C/X，4. 費用合計＝D/X

經銷商銷售業績結構分析表－表 8

銷售業務	銷售業務責任區域				空白區域		月均銷售金額經銷商數量				
	省會城市		地級市		經銷商數量	2個月（含）以上未出貨經銷商數量 (A)	3 萬以下	3～6 萬	6～10 萬	10～15 萬	15 萬以上 (B)
	城市	郊縣數量	地級市數量	縣級市數量							

2個月（含）以上未出貨經銷商名單 (A)

月均 15 萬以上經銷商名單 (B)

區域經銷商開發進度表－表9

時間　年　月

銷售業務		現在經銷商		洽談中的潛在經銷商名稱 （以X表說明洽談進度）	預計開戶時間	備註說明
地級市	縣級市	經銷商名稱	月平均業績金額			
現有經銷商月平均業績合計				每月銷售目標		管道業績差距

備註說明
1. 地級市與縣級市欄位，依據公司通路拓展政策，需要開發經銷商的區域全部填寫。
2. 現在經銷商欄位，現在有經銷商的區域填寫經銷商名稱，沒有經銷商的空白區域填寫「－」，欄位不要空白。
3. 洽談中的潛在經銷商名稱欄位，目前有在洽談經銷商的區域，目前與幾家的潛在經銷商洽談中，就填寫幾家的經銷商名稱，每家洽談中的潛在經銷商另以X表簡單說明洽談情況。

潛在經銷商基本資料表－X 表						
省區		省會／地級市		建檔人姓名		建檔時間

一、洽談經銷區域與經銷品牌產品

洽談經銷區域	
經銷品牌產品	

二、潛在經銷商基本資料

公司名稱		法人代表	
公司地址		公司經營者	
註冊資本		經營者電話	
公司電話		月營業額	
業務人數		倉庫面積	
理貨人員		車輛數量	
納稅資格	（　）一般納稅人（　）小額納稅人		

三、目前經銷品牌產品描述：（知名品牌或大品牌）

產品名稱	每月大約銷量金額

四、目前經營區域與主要渠道描述

主要經營區域	
主要經銷產品	

主要經營渠道	A 系統名稱	A 系統店數	B 系統名稱	B 系統店數	C 系統名稱	C 系統店數
A、大型量販系統						
B、大型超商連鎖						
C、便利超商連鎖						
D、中小超商連鎖						
E、批發市場的二批商數量			F、其他二批商數量			
G、傳統流通超商數量			H、特殊／封閉通路			

五、外埠覆蓋描述（寫出外埠大約有多少二批商數量）

序號	郊縣	地級市	縣級市	鄉鎮	二批商大約數量	直營配送點大約數量
1						
2						
3						

拜訪洽談記錄		
拜訪時間（日期／星期）	洽談對象	洽談內容摘要

拜訪洽談填寫說明
1. 拜訪洽談記錄必須一直填寫與呈報，直到案件成交或案件決定放棄拜訪為止。
2. 洽談案件成交或決定放棄拜訪時，應該將 X 表轉交營業部存檔記錄。

本月重點工作總結報告－表 20			
銷售業務		年　　　月	
序號	上月重點工作計畫	本月工作執行總結報告	未達成原因檢討說明
1			
2			
3			
4			
5			

下月重點工作計畫－表 21	
銷售業務	年　　　月
序號	下月重點工作計畫
1	
2	
3	
4	
5	

附件 15-2　日常銷售管理制度

歐豪食品股份有限公司

文件名稱

日常銷售管理制度

文件編號：

文件版別：

生效時間：

制訂	審核	核准

日常銷售管理制度報表目錄

一、經銷商進貨與庫存統計表－A 表

二、銷售業務管銷促銷費用統計表－B 表

三、潛在經銷商基本資料表－X 表

經銷商 _____　　銷售業務 _____　　時間　年　月

經銷商進貨與庫存統計表－A表

序號	產品基本資料					進貨資料						庫存數量／ 月 日		
	品類	品項	口味	包裝／入數	單箱金額	月／日		月／日		進貨合計		4個月以下	4個月以上	庫存合計
						箱數	金額	箱數	金額	箱數	金額	箱數	箱數	箱數
1														
2														
3														
4														
5														
6														
7														
8														
合計														

銷售業務管銷促銷費用統計表－B 表							
銷售業務			時間		年　月		單位／金額
費用科目		月／　日	月／　日	月／　日	月／　日	合計
管銷費用	1	差旅費					
	2	招待費					
		……					
	5	其他費用					
		小計					
促銷費用	1	進場條碼費					
	2	促銷費用					
	3	即期品處理					
		……					
	5	其他促銷費					
		小計					
廣告費用	1	地區廣告費					
	2	……					
		小計					
管銷促銷費用合計							

潛在經銷商基本資料表－X 表						

（同附件 15-1 的 X 表）

省區		省會／地級市		建檔人姓名		建檔時間	

一、洽談經銷區域與經銷品牌產品

洽談經銷區域	
經銷品牌產品	

二、潛在經銷商基本資料

公司名稱		法人代表	
公司地址		公司經營者	
註冊資本		經營者電話	
公司電話		月營業額	
業務人數		倉庫面積	
理貨人員		車輛數量	
納稅資格	（　）一般納稅人　（　）小額納稅人		

三、目前經銷品牌產品描述：（知名品牌或大品牌）

產品名稱	每月大約銷量金額

四、目前經營區域與主要渠道描述

主要經營區域	
主要經銷產品	

主要經營渠道	A 系統名稱	A 系統店數	B 系統名稱	B 系統店數	C 系統名稱	C 系統店數
A、大型量販系統						
B、大型超商連鎖						
C、便利超商連鎖						
D、中小超商連鎖						
E、批發市場的二批商數量			F、其他二批商數量			
G、傳統流通超商數量			H、特殊／封閉通路			

五、外埠覆蓋描述（寫出外埠大約有多少二批商數量）

序號	郊縣	地級市	縣級市	鄉鎮	二批商大約數量	直營配送點大約數量
1						
2						
3						

拜訪洽談記錄			
拜訪時間（日期／星期）	**洽談對象**	**洽談內容摘要**	

拜訪洽談填寫說明

1. 拜訪洽談記錄必需一直填寫與呈報，直到案件成交或案件決定放棄拜訪為止。
2. 洽談案件成交或決定放棄拜訪時，應該將 X 表轉交營業部存檔記錄。

附件 15-3　公司營業銷售會議制度

歐豪食品股份有限公司

文件名稱

公司營業銷售會議制度

文件編號：

文件版別：

生效時間：

制訂	審核	核准

公司營業銷售會議議程

會議議程	主持人／報告人
一、宣布會議開始	銷售管理部經理
二、上月「營業銷售會議紀要」執行追蹤報告	銷售管理部經理／議題相關主管
三、銷售管理部報告	總經理／銷售管理部經理
四、省級營業部報告	總經理／省級營業部經理（江蘇／浙江／安徽／廣東／廣西／福建等）
五、KA 銷售部門報告	總經理／KA 部經理
六、行銷企劃部報告	總經理／行銷企劃部經理
七、跨部門事項溝通	總經理／相關部門主管
八、總經理工作諮詢與指示	總經理
九、下月會議追蹤事項確認	總經理／銷售管理部經理
十、宣布會議散會	銷售管理部經理

公司營業銷售會議部門報告報表

報告部門 　　　　　　　使用報表

1　銷售管理部報告　　　附件 15-4，銷售管理部門報告報表

2　省級營業部報告　　　附件 15-6，營業銷售部門報告報表　　　　　（略）

3　KA 銷售部門報告　　　附件 15-7，KA 銷售部門報告報表　　　　　（略）

4　行銷企劃部報告　　　附件 15-8，按每月報告重點事項規劃報告報表（略）

5　跨部門事項溝通　　　附件 15-5，跨部門溝通事項單－表 Z

附件 15-4　銷售管理部報告報表

歐豪食品股份有限公司

檔案名稱

公司營業銷售會議制度

銷售管理部報告報表

文件編號：

文件版別：

生效時間：

制訂	審核	核准

公司營業銷售會議制度

<u>銷售管理部報告報表</u>

一、銷售業績達成分析表－表 1

二、銷售業績同比分析表－表 2

三、產品品項銷售統計表－表 3

四、管促費用統計表　　－表 4

五、管促費用比率分析表－表 5

六、經銷商結構分析表　－表 6

銷售業績達成分析表－表 1

序號	營業部	1月 業績	1月 目標	1月 達成 %	2月 業績	2月 目標	2月 達成 %	~ 業績	~ 目標	~ 達成 %	12月 業績	12月 目標	12月 達成 %	累計 業績	累計 目標	累計 達成 %
1																
2																
3																
4																
5																
6																
7																
8																
9																
10																
公司合計																

年　月　　　　　　　單位／金額

銷售業績同比分析表－表 2

年　月　　　　　　單位／金額

序號	營業部	1月 業績	1月 去年	1月 同比 %	2月 業績	2月 目標	2月 同比 %	~ 業績	~ 目標	~ 同比 %	12月 業績	12月 目標	12月 同比 %	累計 業績	累計 目標	累計 同比 %
1																
2																
3																
4																
5																
6																
7																
8																
9																
10																
公司合計																

產品品項銷售統計表－表3

品牌品類大項　　　　　　　　單位／金額　　　年　月

序號	產品基本資料				（去年度）			（本年度）						累計	
	品項	口味	包裝	入數	旺季月均 9月~1月	淡季月均 5月~7月	其他月 月均	1月	2月	3月	4月	~	12月	（去年）	（本年）
1															
2															
3															
4															
5															
6															
7															
8															
9															
10															
品類品項合計															

備註說明：
1. 去年度與本年度，請填寫實際年度，例如：2016、2017 等。
2. 旺季月均，例如：9月~1月，依公司實際旺季月分統計分析。
3. 淡季月均，例如：5月~7月，依公司實際淡季月分統計分析。

管促費用統計表－表4

序號	營業部	費用科目	1月	2月	3月	4月	5月	6月	7月	8月	9月	10月	11月	12月	累計
1		管銷費用													
		促銷費用													
		區域廣告													
		營業部小計													
...		管銷費用													
		促銷費用													
		區域廣告													
		營業部小計													
10		管銷費用													
		促銷費用													
		區域廣告													
		營業部小計													
公司合計		管銷費用													
		促銷費用													
		區域廣告													
		公司合計													

管促費用比率分析表－表 5

年　月	單位／金額	1月			2月			～			12月			累計		
序號	營業部	銷售業績	管促費用	比率	銷售業績	管促費用	比率	銷售業績	管促費用	比率	銷售業績	管促費用	比率	銷售業績	管促費用	比率
1																
2																
3																
4																
5																
6																
7																
8																
9																
10																
公司合計																

經銷商結構分析表－表 6

年　月													
序號	營業部	省會城市		地級市		空白區域	經銷商數量	2個月（含）以上未出貨經銷商數	月均銷售金額經銷商數量				
		城市	郊縣數量	地級市數量	縣級政市數量				3萬以下	3～6萬	6～10萬	10～15萬	15萬以上
1													
2													
3													
4													
5													
6													
7													
8													
9													
10													
公司合計													

附件 15-5　跨部門溝通事項單

跨部門溝通事項單－表 Z					
提案部門		提案部門經理		提案時間	年　月
序號	溝通事項	內容說明		溝通部門	
一、					
二、					
三、					

Chapter

16

營業銷售團隊激勵研擬

16.0 章節前言

- 營業銷售團隊激勵屬於促銷推廣的一部分。
- 促銷推廣方案執行需要費用預算來源。
- 促銷推廣費用預算必需在年度費用預算中編制核准。
- 促銷推廣方案研擬規劃必須蒐集、歸納、分析相關的銷售資料。
- 促銷推廣方案研擬規劃必需考慮執行前置作業時間掌控。

16.1 建立促銷推廣方案題庫

　　促銷推廣方案的研擬規劃並不難，但是方案要研擬規劃得周延、有激勵性，還是需要實戰經驗與編寫技巧。如果仔細觀察，某些促銷推廣方案每年推出的重複性很高，因此蒐集公司以及其他公司的促銷推廣案例，依照促銷獎勵對象分類整理建立案例題庫，作為以後研擬規劃編寫的參考，是很不錯的行銷企劃作業概念。附件 16-1，即是一些常見的促銷推廣制度辦法。

　　建立案例題庫至少有下列幾項優點：
- 提升行銷企劃經理人的方案研擬規劃能力。
- 提升行銷企劃經理人的編寫技巧以及方案內容品質。
- 案例題庫可以作為行銷企劃部門在職培訓的教材。

16.2 方案規劃前置作業時間

　　我們以研擬規劃元旦元月一日的大假期賣場促銷推廣活動為例，說明在方案開始執行之前，應該考慮哪些前置作業所需的時間。
- 促銷推廣部門可能需要製作賣場使用的展示陳列道具。
- 銷售業務需要與經銷商進行方案內容溝通，尤其是方案中的出貨計畫。
- 經銷商進場 KA 系統，經銷商需要與 KA 系統賣場溝通活動進場作業與陳列促銷活動等相關問題。然後經銷商需要先向公司進貨，經銷商需要讓產品先入庫入賬，才能出貨給 KA 系統商家。
- KA 系統採購產品，如果 KA 系統採用統倉配送模式，採購產品需要到先

配送到統倉，統倉商品需要先入庫入賬，然後才能出貨給 KA 系統銷售末端賣場。KA 系統銷售末端的賣場展示陳列也需要前置作業時間。

- 以此方案為例，如果 10 月下旬核准，執行前置作業時間都已經不算寬裕了。

16.3 促銷獎勵方案編寫模式

　　一般來說促銷獎勵方案編寫，並沒有一致性的模板規範。但是有些集團企業可能基於某種原因，制定有某些制式的制度辦法版本，並且規定編寫字體、編寫字號大小以及編寫使用的紙張。

　　以下我們介紹一種常見的促銷獎勵辦法的編寫模板給您作參考，本章節介紹的兩項獎勵辦法即用此模板編寫的。

1. 主旨。
2. 對象。
3. 時間。
4. 辦法內容。

16.4 新經銷商開發獎勵辦法：案例分享

　　新區域經銷商開發獎勵辦法的研擬規劃一般基於兩種狀況：一為，鼓勵銷售業務積極開發空白市場，達到提升銷售業績目標；二為，積極整改某些業績不好的區域經銷商，達到提升整體區域銷售業績目標。以下我們介紹一個包含開發空白市場經銷商，同時整改區域經銷商的開發獎勵辦法，如附件 16-2。

- 案例類別：獎勵區域空白市場經銷商開發。
- 案例內容：開發空白市場提升營業銷售業績。
- 獎勵對象：營業銷售個人。
- 獎勵辦法名稱：2020 年度新經銷商開發獎勵辦法，附件 16-2。
- 獎勵辦法附件：2020 年度新優質經銷商開發計畫表，附件 16-2-1。

16.5 新經銷商開發獎勵辦法：案例說明

1. 2020 年度新經銷商開發獎勵辦法，詳附件 16-2
   (1) 明確規範新經銷商開戶資格認定。
     • 開發空白區域經銷商，或整改銷售業績不良區域的經銷商。
     • 新開發經銷商類型必需為區域傳統通路型經銷商。
   (2) 明確規範新經銷商的出貨認定標準。
     • 期望銷售業務開發具有銷售潛力的新經銷商。
     • 避免銷售業務為領開戶獎金，胡亂開發非優質的新經銷商。
   (3) 明確規範開戶獎勵獎金與獎金發放模式。
     • 開戶獎勵獎金採用進階式加重獎勵模式，鼓勵銷售業務積極開戶。
     • 獎金分段發放，開戶出貨達標即發獎金鼓勵，完成出貨目標再給予獎勵。開戶出貨達標即發獎金鼓勵，規劃目的在於適時及時的積極給予獎勵；完成出貨目標再給予獎勵，規劃目的在於避免開戶出貨未能達成目標，但是獎金已經全數發放的特殊狀況。
   (4) 明確規範不作為銷售業務的罰則。
     制度辦法有賞有罰，明確告知必須執行公司制度辦法，不可有不作為應付。

2. 新經銷商開發目標區域
     2020 年度新優質經銷商開發計畫表，如附件 16-2-1。
   (1) 明確規劃每位銷售業務需要開發或整改區域。
     • 開發沒有經銷商的空白區域。
     • 整改業績不良需要更換的紅燈經銷商。
   (2) 紅燈經銷商的認定有兩種：
     • 前一年度銷售業績不良的經銷商
       比照省區內其他區域經銷商的銷售業績好判斷。
     • 12 個月內，連續兩個月（含）以上沒有出貨業績的經銷商
       經銷商應該有上百個銷售末端網點，連續兩個月沒出貨是個警示信號。

(3) 分析年度（12 個月）經銷商每月出貨金額，評估認定是否爲紅燈經銷商。

(4) 表格需要列出通路拓展政策規定需要開發經銷商的所有地級市以及縣級市，而不是只列出現在有經銷商的地級市或縣級市，如此才能呈現出哪些地級市或縣級市是空白區域，需要開發新經銷商。

16.6 年度銷售目標達成獎勵辦法：案例分享

銷售目標達成獎勵辦法是常見的一種獎勵辦法，辦法研擬規劃目的是爲獎勵營業銷售團隊達成公司交付的銷售目標。銷售目標設定可以是年度銷售目標，亦可以是短期銷售目標。獎勵對象規劃可以是銷售業務個人，或營業部經理，亦可以規劃爲獎勵整體銷售團隊。以下我們介紹一種年度銷售目標達成獎勵辦法，獎勵對象爲營業部經理，如附件 16-3。

- 案例類別：年度達成銷售目標獎勵。
- 案例內容：年度省區銷售目標達成獎勵辦法。
- 獎勵對象：營業部經理。
- 獎勵辦法名稱：2020 年度省區銷售目標達成獎勵辦法，附件 16-3。
- 獎勵辦法附件：2020 年度省區銷售獎勵目標與達成獎勵獎金基數，附件 16-3-1；2020 年度省區銷售目標達成獎金核算方式，附件 16-3-2。

16.7 年度省區銷售目標達成獎勵辦法：案例說明

1. 2020 年度省區銷售目標達成獎勵辦法，如附件 16-3

行銷企劃經理人在研擬此種類型獎勵辦法必須考慮兩項基本影響因素。

(1) 省區年度銷售目標不同，獎勵金額核算應該也可以有不同

A 省區年度銷售目標 ¥1,500 萬，乙省區年度銷售目標 ¥3,000 萬，兩個省都完成年度銷售目標，都領一樣的達成獎金顯然不公平。這中間或許隱藏了一項市場因素，或許年度銷售目標 ¥3,000 萬對乙省區來說是容易達成的，而年度銷售目標 ¥1,500 萬對 A 省區是困難達成的。如何去調整？如何去平衡？這就要靠行銷企劃經理人的經驗了。

(2) 銷售人員都會有下列的銷售心理，如何正面激勵銷售人員持續積極銷售？

- 銷售業績達到獎勵標準了，就不再積極銷售，盡量把業績保留到下季度。
- 銷售業績無法達標了，就不再積極銷售，盡量把業績保留到下季度。

2. 2020 年度省區銷售獎勵目標與達成獎勵獎金基數，如附件 16-3-1

(1) 獎勵對象為省區經理。

(2) 省區年度銷售目標與省區達成獎金基數掛鉤。

(3) 省區銷售目標不同，獎金基數也不同。

3. 2020 年度省區銷售目標達成獎金核算方式，如附件 16-3-2

(1) 說明獎勵獎金的核算時間段，以季度為核算基準。

(2) 說明獎金基數與銷售達成的核算方法。

(3) 銷售目標達成獎勵是否設定達成 100% 以上獎勵，需要考慮兩項其他因素

- 銷售目標的設定是高標準、常態標準，還是低標準。
- 如果公司制度採用「低薪資＋銷售獎金」的薪資政策，銷售獎金可能是薪資的重要組成部分，達成獎勵百分比設定可能需要特別考慮。

(4) 銷售業績撥補獎勵核算模式

業績撥補是很好的企劃觀念，設計目的是在鼓勵獎勵對象持續衝刺業績。

- 避免獎勵對象當月分銷售目標達成 100% 以後，當月分就不再出貨，盡量把業績保留到下月分出貨。
- 避免獎勵對象預估當月分銷售業績已無法達成了，當月分就不再出貨，盡量把出貨保留到下月分，這月沒達標，準備衝刺下月目標。
- 撥補業績，只能撥補超過 100% 以上的業績。
- 撥補後的獎勵核算方式，從嚴或從寬，可以自行研擬規劃。
- 撥補業績獎勵核算，需要舉例說明撥補業績獎勵的核算模式，避免

有不同的核算解讀意見。

▶ 附件

1. 附件 16-1，常見的促銷獎勵制度辦法。
2. 附件 16-2，2020 年度新經銷商開發獎勵辦法。
3. 附件 16-2-1，2020 年度新優質經銷商開發計畫表。
4. 附件 16-3，2020 年度省區銷售目標達成獎勵辦法。
5. 附件 16-3-1，2020 年度省區銷售獎勵目標與達成獎勵獎金基數。
6. 附件 16-3-2，2020 年度省區銷售目標達成獎金核算方式。

附件

附件 16-1　常見的促銷獎勵制度辦法

序號	對象	制度辦法名稱	制度辦法目的
1	銷售業務	年度銷售目標達成獎勵辦法	激勵銷售業務達成年度銷售目標
		新經銷商開戶獎勵辦法	激勵銷售業務開發新經銷商提升銷售業績
		產品品項銷售獎勵辦法	激勵銷售業務對某些產品品項的銷售推廣
2	經銷商	新開戶經銷商支持政策	激勵新經銷商拓展市場以及提供銷售業務開發新經銷商資源
		經銷商銷售目標達成獎勵辦法	激勵經銷商努力達成銷售目標
		經銷商新產品出貨獎勵辦法	激勵經銷商對新產品的出貨意願以及提供銷售業務出貨促銷資源
		經銷商進場 KA 系統支持政策	支持經銷商進場經營 KA 系統
		經銷商區域網點拓展支持政策	支持經銷商拓展區域銷售網點提升銷售業績
		經銷商產品陳列促銷支持政策	支持經銷商的銷售末端促銷活動
		滯銷產品促銷獎勵辦法	處理公司滯銷品或協助經銷商處理通路滯銷產品
		短期衝刺銷售業績獎勵政策	激勵經銷商衝刺短期銷售業績達成銷售目標差額
3	品牌產品推廣	消費者試吃買贈促銷活動	產品促銷推廣
		地區車廂、看板、招牌等政策	提升品牌產品知名度
		元旦、春節、端午、中秋等假日大型活動產品促銷推廣	產品促銷推廣

附件 16-2　2020 年度新經銷商開發獎勵辦法

2020 年度新經銷商開發獎勵辦法

一、主旨：為獎勵開發空白市場區域經銷商，特訂本獎勵辦法。

二、對象：銷售業務。

三、時間：2020 年 4 月 1 日起至 2020 年 8 月 31 日。

四、辦法內容：

1. 2020 年度新優質經銷商開發計畫表，附件 16-2-1。

2. 銷售業務在其目標區域開發新經銷商，並完成辦法規定的出貨條件，即依照獎勵辦法給予獎勵。

3. 新經銷商開戶資格認定：

A	銷售業務開發的新經銷商，必需是附件 16-2-1 中目標區域的新經銷商。
B	新經銷商開戶是指開發傳統型經銷商，而不是批發市場的二批商或特殊通路經銷商。
C	新經銷商開戶第一次出貨金額 ¥8 萬元（含）以上。
D	自開戶出貨當月算起，連續 3 個月內有 2 個月出貨，且總出貨金額達 ¥20 萬元（含）以上。
E	新經銷商開戶需要填寫新經銷商開發申請表提出申請。
	新經銷商開發申請表呈報省級營業部經理核准後完成開戶申請作業。

4. 新經銷商開戶獎勵獎金：

開戶數量	開戶獎金
第一家開戶新經銷商	¥1,000 元／家
第二家開戶新經銷商	¥1,500 元／家
第三家（含）以上開戶新經銷商	¥2,000 元／家

5. 獎金發放：

	新經銷商出貨狀況	獎金發放
A	開戶新經銷商第一次出貨 ¥8 萬元（含）以上	發放獎金的三分之一
B	開戶後第二個月出貨金額合計達 ¥15 萬元以上	發放獎金的三分之一
C	自開戶當月算起，連續 3 個月內有 2 個月出貨，總出貨金額達 ¥20 萬元以上。	發放獎金的三分之一
備註	應發獎金核算後併入該月分薪資一起發放	

五、依據附件 16-2-1，銷售業務責任區域內有開發新經銷商指標，銷售業務在辦法執行期間內，如果一家新經銷商都沒有開發則該銷售業務處 ¥1,000 元罰金。

附件 16-2-1　2020 年度新優質經銷商開發計畫表

瀋陽營業部

業務	省會/地級市	縣級市/郊縣	人口數（萬）	經銷商	優質經銷商開發 應開發	應整改	1月	2月	3月	4月	5月	6月	7月	8月	9月	10月	11月	12月	合計	月均	2020年1月
張德功	瀋陽	市區	618.7	瀋陽可奇			0	0	16,956	0	12,534	0	0	56,336	30,120	38,880	0	0	142,292	11,857	0
		市區		瀋陽雙仁			0	10,683	19,383	38,881	63,130	66,105	11,880	87,725	56,500	0	7,294	0	49,894	4,157	0
		市區		瀋陽軒福			94,920	130,321	107,674	110,560	71,316	108,582	207,157	200,076	328,075	0	49,355	2,340	578,510	48,209	63,054
				瀋陽海珍源			35,863	52,026	35,926	21,180	288,540	115,175	176,084	172,953	32,566	222,662	36,002	0	827,221	105,323	144,826
				大連元昊			200,000	0	150,203	0	0	0	0	0	0	0	112,358	168,166	1,711,912	142,659	414,836
		遼中縣	47				–	–	–	–	–	–	–	–	–	–	–	–	–	–	–
		康平縣	37				–	–	–	–	–	–	–	–	–	–	–	–	–	–	–
		法庫縣	53				–	–	–	–	–	–	–	–	–	–	–	–	–	–	–
		新民市	67.1				–	–	–	–	–	–	–	–	–	–	–	–	–	–	–
		小計	822.8				330,783	193,030	330,142	170,621	435,520	289,862	395,121	517,090	447,261	261,542	205,009	170,506	3,746,486	312,207	622,716
李得勝	撫順	市區	145	撫順同博			0	0	13,212	0	33,155	0	13,090	26,347	0	26,170	0	0	111,974	9,331	0
		撫順縣	19.1	撫順東霞			0	0	0	0	0	0	0	0	0	0	50,964	0	50,964	4,247	0
		新賓縣	30.5	撫順市新撫			0	0	0	0	0	0	0	0	0	0	38,884	4,680	43,564	3,630	0
		清原縣	34				–	–	–	–	–	–	–	–	–	–	–	–	–	–	–
		小計	228.6				0	0	13,212	0	33,155	0	13,090	26,347	0	26,170	89,848	4,680	206,502	17,208	0
	鐵嶺	市區	51.8	鐵嶺市日升			0	0	0	0	0	0	0	0	5,981	9,832	0	0	49,461	4,121	0
		鐵嶺縣	39.1				–	–	–	–	–	–	–	–	–	–	–	–	–	–	–
		西豐縣	35				–	–	–	–	–	–	–	–	–	–	–	–	–	–	–
		昌圖縣	103				–	–	–	–	–	–	–	–	–	–	–	–	–	–	–
		調兵山市	24.2				–	–	–	–	–	–	–	–	–	–	–	–	–	–	–
		開原市	59.2				–	–	–	–	–	–	–	–	–	–	–	–	–	–	–
		小計	312.3				0	0	0	0	0	0	0	0	5,981	9,832	0	0	49,461	4,121	0
王人傑	阜新	市區	84	阜新市鑫海			29,424	50,924	24,832	51,861	50,262	32,640	33,648	49,560	30,810	38,300	36,402	0	395,015	32,917	29,801
		阜新縣	73				–	–	–	–	–	–	–	–	–	–	–	–	–	–	–
		彰武縣	42				–	–	–	–	–	–	–	–	–	–	–	–	–	–	–
		小計	199				29,424	50,924	24,832	51,861	50,262	32,640	33,648	49,560	30,810	38,300	36,402	0	395,015	32,917	29,801
合計			1,563	金額合計			360,207	243,954	368,186	222,482	518,937	322,502	441,859	592,997	484,052	335,844	331,259	175,186	3,388,927	366,455	652,517

時間：2020年4月1日起至2020年8月31日　2019年業績

附件 16-3　2020 年度省區銷售目標達成獎勵辦法

2020 年度省區銷售目標達成獎勵辦法

一、主旨：為激勵省級營業部經理努力帶領銷售團隊達成年度銷售目標，特訂此辦法。

二、對象：省級營業部經理。

三、辦法內容：

1. 2020 年度省區銷售獎勵目標與達成獎勵獎金基數，如附件 16-3-1。

　(1) 季度銷售目標 900 萬（含）以上單位，季度獎金基數 ¥6 萬。

　(2) 季度銷售目標 700 萬（含）以上單位，季度獎金基數 ¥5.5 萬。

　(3) 季度銷售目標 600 萬（含）以上單位，季度獎金基數 ¥5 萬。

　(4) 季度銷售目標 350 萬（含）以上單位，季度獎金基數 ¥4 萬。

　(5) 季度銷售目標 350 萬（含）以下單位，季度獎金基數 ¥2 萬。

2. 2020 年度省區銷售目標達成獎金核算方式，如附件 16-3-2。

　(1) 銷售目標達成獎勵以季度為核算時間單位。

　　a. 季度業績達成 100%（含）以上單位，季度獎金基數 ×100%。

　　b. 季度業績達成 90（含）～100%（不含）以上單位，季度獎金基數 × 銷售目標達成百分比。

　　c. 季度業績達成 80（含）～90%（不含）以上單位，季度獎金基數 ×50%。

　(2) 銷售業績撥補獎勵核算模式。

　　a. 季度超出 100% 以上的業績，可以撥補與上季度業績合併再次核算獎金。撥補業績合併核算，達成合併後業績目標 100% 以上，則補發其上季度獎金之差額。

　　b. 撥補業績合併核算，必須達成合併後業績目標 100% 以上，未達 100% 則不予核算不補發獎金。

四、時間：2020 年度。

五、獎金發放：

1. 獎勵獎金於該季度的次月核算，合併於薪資發放。

2. 獎勵獎金發放前或有離職，則未發獎勵獎金不予發放。

附件 16-3-1　2020 年度省區銷售獎勵目標與達成獎勵獎金基數

序號	區域	省區經理	2020 年度銷售目標（¥ 萬）					季度達成獎金基數（¥ 萬）
			第一季度	第二季度	第三季度	第四季度	年度合計	
1	京津都區	張一濤	760	700	740	800	3,000	5.5
2	上海都區	杜育民	750	700	720	760	2,930	5.5
3	重慶都區	田君平	720	650	700	750	2,820	5.5
4	遼寧省	尹乃寬	460	420	440	480	1,800	4
5	吉黑區	蘇三元	380	320	350	400	1,450	4
6	山東省	李潔	900	840	880	950	3,570	6
7	晉蒙區	王建國	460	420	440	480	1,800	4
8	陝西省	薑洲	460	420	440	480	1,800	4
9	甘青新區	馬亮	260	220	240	280	1,000	2
10	江蘇省	黃振武	900	840	880	950	3,570	6
11	浙江省	陸介堃	900	840	880	950	3,570	6
12	河南省	廖富民	620	520	580	680	2,400	5
13	安徽省	蔡其嘉	460	420	440	480	1,800	4
14	湖北省	尹子豪	900	840	880	950	3,570	6
15	湖南省	周伯通	620	520	580	680	2,400	5
16	閩贛區	何學東	620	520	580	680	2,400	5
17	廣東省	葉慶剛	900	840	880	950	3,570	6
18	桂瓊區	于浩平	380	320	350	400	1,450	4
19	四川省	張浩	900	840	880	950	3,570	6
20	雲南省	鄭德勇	460	420	440	480	1,800	4
21	貴州省	黎顯章	380	320	350	400	1,450	4
22	全國特通	李子敬	460	420	440	480	1,800	4
合計		—	13,650	12,350	13,110	14,410	53,520	105.5
季度業績占比		—	25.50%	23%	24.50%	27%	100%	—

附件 16-3-2　2020 年度省區銷售目標達成獎金核算方式

2020 年度省區銷售目標達成獎金核算方式

一、2020 年度省區銷售獎勵目標與達成獎勵獎金基數，如附件 16-3-1。

二、獎金核算以季度為時間單位核算。

三、季度獎金核算模式如下：

季度銷售目標達成百分比 %	季度獎金核算方式
80（含）～90%（不含）	季度獎金基數 ×50%
90（含）～100%（不含）	季度獎金基數 × 達成百分比 %
100%（含）以上	季度獎金基數 100% 封頂

四、銷售業績撥補獎勵核算模式：

1. 為激勵省區努力提升銷售業績，季度超出 100% 以上的業績，可以撥補與上季度業績合併再次核算獎金，達成合併後業績目標 100% 以上，則補發其上季度獎金之差額。

2. 撥補業績合併核算，必需達成合併後業績目標 100% 以上，未達 100% 則不於核算不補發獎金。

   請參考案例說明，如果有不同的獎金核算解釋，統一以行銷企劃部的解釋為標準。

季度		第一季度	第二季度	第三季度	第四季度	年度合計	季度獎金基數
獎勵目標		900	840	880	950	3,670	6 萬（¥）
A 例	實際業績	750	900	—	—	—	—
B 例	實際業績	800	980	—	—	—	—

案例說明

A 例：

1. 第一季度達成 83%，獎金 6×50% = 3 萬。

2. 第二季度達成 107%，第二季度獎金 6 萬。

3. 第一、二季度業績合併核算達成 (750 + 900) ÷ (900 + 840) = 94.8%，末達 100%，不於補發第一季度獎勵。

B 例：

1. 第一季度達成 89%，獎金 6×50% = 3 萬。

2. 第二季度達成 105%，第二季度獎金 6 萬。

3. 第一、二季度業績合併核算達成 (800 + 980) ÷ (900 + 840) = 102%，補發第一季度獎金差額 3 萬（季度獎金 6 萬－第一季度已發獎金 3 萬＝補發第一季度獎金差額 3 萬）。

4. 其他季度業績合併核算獎金，同 A 例與 B 例同理類推。

Chapter

17

營業銷售目標研擬與分配

17.0 章節前言

- 如果公司今年的營業銷售業績預估約有 10 個億，企業老闆對您說，明年營業銷售目標要訂為多少？請您提個計畫上來。請問您要如何研擬規劃明年度的營業銷售目標？
- 如果公司今年的營業銷售業績預估約有 10 個億，企業老闆對您說，這是明年度 50 個億的營業銷售目標計畫，請您先評估一下是否合理？請問您要如何評估這 50 個億的營業銷售目標是否合理？

17.1 年度營業銷售目標

　　一般企業年度營業銷售目標好像都是企業高層「要求」或「設定」出來的，根據某一項學理推算出來的好像很少。年度營業銷售目標擬訂之後，需要再分配到每個營業部，營業部分領到年度營業銷售目標之後，需要再分配到每一位銷售業務人員。

　　年度營業銷售目標分配到營業部以及銷售業務人員之後，還需要再分配到每個月分，如此，企業公司、營業部以及銷售業務人員，才會有每個月分的營業銷售目標，每個月分才能核算其銷售業績達成績效。

　　營業銷售目標研擬規劃，直接影響到營業部主管與銷售業務人員的績效考核與績效獎勵。績效考核還可能影響到某些個人的職務升遷，甚至個人工作的去留問題。因此，年度營業銷售目標如何研擬？年度營業銷售目標設定是否得當？如何分配到營業部？如何分配到銷售業務人員？這項年度營業銷售目標的研擬與分配議題，對行銷企劃經理人來說永遠都是一項高難度的工作挑戰！

17.2 銷售數據統計模型

　　行銷企劃經理人經常使用區域人口數量、銷售數量、銷售占比、空白市場數量等項目，作為研擬規劃行銷企劃案的基礎變數。

　　區域人口數量與市場消費潛力有一定的正向關係，可以作為市場銷售潛

力的預估基礎。銷售數量代表已經實現的銷售能力，可以作爲下階段的目標分配與目標成長之參考基礎。空白市場數量代表下一階段需要努力加強的市場拓展目標，更是下一階段增加營業銷售目標的參考指標。

　　營業銷售目標分配是一項零合分配遊戲，亦即在總數不變之下，甲分的多乙就分的少，如果甲分的少乙就要分的多。區域人口數量、銷售數量與銷售占比是營業銷售目標分配的基礎變數。但是當我們分析這些變數之間的關係，我們會發現一些現象，例如：區域人口數量與銷售數量，不一定有正向關係，或成正比，所以我們也不能用去年的銷售占比，直接來分配今年的營業銷售目標。

　　本章節將介紹三種行銷企劃經理人在營業銷售目標研擬與分配時候經常使用的銷售數據統計模型。

1. 年度營業銷售目標設定與分配模型，如附件 17-1。
2. 省級營業部銷售目標分配模型，如附件 17-2。
3. 季度與月度銷售目標比例分配模型，如附件 17-3。

17.3 營業銷售目標設定與分配模型：案例分享

　　年度營業銷售目標設定與分配模型，詳附件 17-1。

1. 如果企業老闆對您說，明年營業銷售目標要訂爲多少？請您提個計畫上來。

- 首先請您提個計畫上來，您研擬規劃營業銷售目標的思維邏輯是什麼？
- 模型可以作爲您研擬設定明年度營業銷售目標與分配的推論架構。
- 行銷企劃經理人依據銷售數據統計模型，先行提出明年營業銷售目標草案，提供企業老闆設定明年營業銷售目標之參考數據。

2. 如果企業老闆對您說，您看這個明年營業銷售目標是否偏高或偏低？

- 首先年度營業銷售目標是否偏高或偏低，您判斷這個問題的思維邏輯是什麼？
- 企業老闆已經設定了明年營業銷售目標，行銷企劃經理人可以利用銷售數據統計模型，初步反向推論明年營業銷售目標相對於今年的成長率

是多少？各營業部的成長率是多少？各營業部每個月的銷售業績需要成長多少？從這幾個角度來分析評估，企業老闆交付的營業銷售目標是否偏高或偏低？

- 至於您的建議企業老闆接不接受？或者企業老闆是否要求您提出調整建議？那都是另外的情事了。

17.4 營業銷售目標設定與分配模型：案例說明

年度營業銷售目標設定與分配模型，詳附件 17-1。

1. 以區域人口與營業銷售數據兩項變數為基礎，研擬明年營業銷售目標。

2. 模型分為前後兩段，前半段以區域人口 A、人口占比 B、今年業績目標 C、今年銷售實績 D、今年銷售實績占比 E 等數據，初步設定明年銷售目標 X。

3. 模型後半段，將初步設定的明年銷售目標 X，分為上半年目標 Y 與下半年目標 Z（亦可設定為旺月分目標 Y 與一般月分目標 Z），先分配試算明年度的月均業績目標 I 與 L，再與今年月均業績 J 與 M 作比較，看看月均業績會提升或降低到什麼狀況 K 與 N，研判是否合理。

4. 由模型後半段數據推論分析，初步設定的明年銷售目標 X 是否偏高或偏低？

如果認為明年銷售目標 X 有偏高或偏低現象，則回頭調整銷售目標 X 數值（這項調整可能需要來回幾次）。

5. 調整後，將年度營業銷售目標 X 分配到各省級營業部 G。

明年度銷售目標 X 與明年目標分配 G 的兩項設定，雖然參考 A、C、D 三者之間的彼此關聯狀況，基本上這是主觀性的推論判斷，例如：區域人口數量與銷售數量，不一定成正比關係，這中間有一項銷售團隊的能力與績效因素存在，所以我們不能用去年的銷售占比，直接來分配今年的營業銷售目標，否則對能力好、績效好的團隊不公平。因此需要模型後半段的項目檢視，這個過程可能需要經過幾次微調，才能最後設定下 X 與 G 的分配關係。

6. 銷售數據統計模型有個缺點在於銷售數據都是歷史數據。所以行銷企劃經

理人可以另外研擬規劃營業銷售激勵辦法，激勵銷售數據表現較差的團隊，作為調整 G 的調整參考依據。

17.5 營業部銷售目標分配模型：案例分享

省級營業部銷售目標分配模型，詳附件 17-2。

當年度營業銷售目標分配到省區之後，省區營業銷售目標如何分配到銷售業務人員？這時候可以採用附件 17-1 的思維方法，將附件 17-1 中的省級營業部，改為附件 17-2 中的省會 / 地級市，設定省會 / 地級市的銷售目標。省會 / 地級市的銷售目標設定後，銷售業務人員擔任那個責任區域，就負責該區域的銷售目標，此亦即所謂的銷售目標與責任區域掛鉤。以後銷售業務人員職務調動時，銷售業務人員的銷售目標就隨著新任職區域的銷售目標調整。

附件 17-1 與附件 17-2 的主要差異在附件 17-2 多個空白區域數量 F，空白市場數量代表下一階段銷售業務人員需要努力的市場拓展目標，更是下一階段增加營業銷售目標的來源指標。所以在附件 17-2 中，F 也是設定 X 與 G 之分配關係的一項變數。

17.6 銷售數據統計模型是否合理

以上兩個案例解說到此，或許您開始產生疑問了：銷售數據統計模型的推論演算是否合理？會不會太過主觀了？營業部與銷售業務會不會接受？

區域銷售目標分配是零和分配模式。也就是說，甲方銷售目標分配減少一點，乙方就要分配多一點，多分配的一方可能都會覺得不公平，但是由誰來分配也都不會有絕對的公平。行銷企劃經理人已經參考了區域人口數量、今年業績目標、今年業績實績，空白區域數量等多項變數，或許分配模式不能說是絕對的公平，但是分配模式應該已經是不公平中相對比較公平的分配模式了。

如果覺得不公平，那唯一理由就是「變數的參數」是行銷企劃經理人主觀判斷設定，如果銷售業務真的不服氣，就邀請他們一起來研究研究「變數

的參數」設定。我個人經驗是，邀請銷售業務來一起研究「變數的參數」也只是堵住他們的怨言而已，因為區域銷售目標分配是零和分配模式，本來就是東分得少西就必須分配得多，甲分配得多那麼乙就會分配得少。

17.7 季度與月度目標比例分配：案例分享

1. 年度營業銷售目標設定與分配模型，附件 17-1

   設定年度營業銷售目標以及將銷售目標分配到各省級營業部。

2. 省級營業部銷售目標分配模型，附件 17-2

   將省級營業部銷售目標分配到省區每一位銷售業務人員。

3. 季度與月度銷售目標比例分配模型，附件 17-3

   將公司、營業部以及銷售業務人員的銷售目標分配到月度，每個月分才能核算其銷售業績達成績效。

17.8 季度與月度目標比例分配：案例說明

　　季度與月度銷售目標比例分配模型，詳附件 17-3。附件 17-3 案例表格隱去月分的營業銷售數據，保留相對的月分銷售占比。

　　年度營業銷售目標需要分解到季度與月分。一年有十二個月分，營業銷售業績會受到銷售淡旺月分以及節假日的影響，所以不可能每個月分的營業銷售業績都一樣，因此不能把年度營業銷售目標直接除以 12 就當作月分營業銷售目標，需要有相對應的季度與月度調整。

　　假設行銷企劃經理人在 20x3 年 10 月分，開始研擬規劃 20x4 年各月分別營業銷售目標分配。茲將作業流程說明如下：

1. 行銷企劃經理人必需先行預估 20x3 年的 10 月、11 月、12 月等三個月分的銷售業績，將 20x3 年度的全年銷售業績預估補足。

2. 行銷企劃經理人蒐集 20x1 年、20x2 年與 20x3 年的月分別實際銷售業績數據，整理成為附件 17-3 格式。

3. 先觀察 20x1 年、20x2 年與 20x3 年的三年銷售數據，推論三年的季度與

月度銷售趨勢，並以此初步預估 20x4 年度的季度銷售占比，並且微調到月分銷售占比，然後填寫到預估明年 20x4 初稿 A 的欄位表格內。

4. 行銷企劃經理人回顧 20x1 年、20x2 年與 20x3 年的銷售趨勢，應該特別關注在該年度是否有某些影響月分銷售業績的事件因素，作為月分業績的調整因素。例如：年度大假，五一節、端午節、中秋節、十月長假、元旦與春節在哪月分？產品銷售是否有明顯的淡旺季月分？年度是否有新產品上市計畫？年度是否有特別的促銷政策？

5. 行銷企劃經理人在考慮各項影響月分銷售業績的事件因素之後，再將 20x4 年初稿 A 調整為 20x4 年調整後 B，作為 20x4 年度的季度與月度銷售目標比例分配基礎。

17.9 新產品營業銷售目標研擬

依據銷售數據統計模型設定的年度營業銷售目標，應該不包含擬於明年度上市的新產品營業銷售目標。因此，明年度的新產品應該另外規劃設定其年度營業銷售目標，作為附件 17-1，年度營業銷售目標設定的調整增項。

新產品的營業銷售目標研擬，需要包含新產品的品項別，品項別的預估出貨價格，品項別的上市月分，以及上市後每月銷售數量目標。如表 17-1。

假設明年（20x4 年）預計上市兩項新產品，其營業銷售目標研擬模式如下：

1. X 產品，出貨價格 50 元／箱，預計 4 月上市。
2. Y 產品，出貨價格 80 元／箱，預計 10 月上市。

表 17-1　20x4 年新產品營業銷售目標研擬

月分		4	5	〜	10	11	12	合計
X 產品	出貨價格	50	50	〜	50	50	50	-
	數量目標	150	200	〜	500	500	500	-
	銷售目標	7,500	10,000	〜	25,000	25,000	25,000	92,500
Y 產品	出貨價格	–	–	〜	80	80	80	–
	數量目標	–	–	〜	600	700	900	–
	銷售目標	0	0	〜	48,000	56,000	72,000	176,000
合計		7,500	10,000	〜	73,000	81,000	97,000	268,500

17.10 章節小結

1. 銷售數據統計模型，可以作為銷售目標研擬與分配的推論基礎。
2. 銷售數據統計模型變數項目，可以依據您的邏輯想法加以增減。
3. 銷售數據統計模型的變數參數推論，會受到您的主觀因素影響。
4. 銷售數據統計模型分配模式，是不公平中比較公平的分配模式。
5. 現有產品以及擬上市新產品的年度營業銷售目標應該分別研擬。

附件與章節習作

1. 附件 17-1，年度營業銷售目標設定與分配模型。
2. 附件 17-2，省級營業部銷售目標分配模型：福建省。
3. 附件 17-3，季度與月度銷售目標比例分配模型。
4. 章節習作。

附件 17-1　年度營業銷售目標設定與分配模型

序號	省級營業部	地級市數量	人口總數(萬)	人口占比	今年業績			明年目標設定		明年目標分配		明年上半年目標：Y 萬			明年下半年目標：Z 萬		
					年度目標	年度實績	實績占比%	年度目標設定	相對今年成長%	調整後占比%	調整後金額	明年月均業績	今年月均業績	每月增加業績	明年月均業績	今年月均業績	每月增加業績
—	—	—	A	B	C	D	E	X	F	G	H	I	J	K	L	M	N
1	京津都區		a1	b1	c1	d1	e1			g1	h1						
2	上海都區		a2	b2	c2	d2	e2			g2	h2						
3	重慶都區		a3	b3	c3	d3	e3			g3	h3						
4	遼寧省		a4	b4	c4	d4	e4			g4	h4						
5	吉林省		a5	b5	c5	d5	e5			g5	h5						
6	黑龍江		a6	b6	c6	d6	e6			g6	h6						
~	~		~	~	~	~	~			~	~						
22	四川省		a22	b22	c22	d22	e22			g22	h22						
23	雲南省		a23	b23	c23	d23	e23			g23	h23						
24	貴州省		a24	b24	c24	d24	e24			g24	h24						
合計	—	—	A 萬	100%	C 萬	D 萬	100%	X 萬	—	100%	X 萬						

演算說明

1. A 為各營業部所在省區人口統計，$a1+a2+\cdots+a24=A$ 萬。
2. B 為營業部所在省區人口占比，$b1=a1÷D$ 萬。
3. 今年實際業績占比，$e1=d1÷D$ 萬。
4. 評估 C 與 D 之間的狀況，先初步主觀的預估及設定明年目標 X，核算相對今年實績的成長 %，$F=(X-D)÷D$。
5. 評估 C 與 D，以及 B 與 E 之間的狀況，先初步主觀的將 B、E 關係微調為 G。
6. H 明年目標分配，$h1=X$ 萬 $×g1$。
7. 將 X 萬依今年實績比率分為 Y 與 Z。
8. 評估 I、J 與 K 以及 L、M 與 K 的狀況，如果評估某些省級營業部的分配較高或較低，再回頭微調 G。
9. 評估 I、J 與 K 以及 L、M 與 K 的狀況，如果評估 X 設定太高或太低，再回頭微調 X。

附件 17-2　省級營業部銷售目標分配模型：福建省

序號	省會/地級市	郊縣/縣級市(甲)	人口總數(萬)	人口占比	今年業績			空白區域數量	明年目標分配：X萬		明年上半年目標：Y萬			明年下半年目標：Z萬		
					年度目標	年度實績	實績占比		調整後占比	調整後金額	明年月均業績	今年月均業績	每月增加業績	明年月均業績	今年月均業績	每月增加業績
—	—	—	A	B	C	D	E	F	G	H	I	J	K	L	M	N
A 福州市	1	8	712	b_1	c_1	d_1	e_1		g_1	h_1						
B 莆田市	1	1	278	b_2	c_2	d_2	e_2		g_2	h_2						
C 泉州市	1	7	813	b_3	c_3	d_3	e_3		g_3	h_3						
D 廈門市	1	0	353	b_4	c_4	d_4	e_4		g_4	h_4						
E 漳州市	1	9	481	b_5	c_5	d_5	e_5		g_5	h_5						
F 龍岩市	1	6	256	b_6	c_6	d_6	e_6		g_6	h_6						
G 三明市	1	10	250	b_7	c_7	d_7	e_7		g_7	h_7						
H 南平市	1	9	264	b_8	c_8	d_8	e_8		g_8	h_8						
I 寧德市	1	8	282	b_9	c_9	d_9	e_9		g_9	h_9						
—	9	58	3,689	100%	C萬	D萬	100%	—	100%	X萬						

附件 17-3　季度與月度銷售目標比例分配模型

年度	月分	1月	2月	3月	4月	5月	6月	7月	8月	9月	10月	11月	12月	合計
20x1 年	銷售業績													
	每月占比	10.20%	7.40%	10.00%	8.90%	7.10%	7.80%	6.40%	8.30%	9.10%	7.10%	7.60%	10.10%	100%
	季度		第一季度			第二季度			第三季度			第四季度		
	季度金額													
	季度占比		27.60%			23.80%			23.80%			24.80%		100%
20x2 年	銷售業績													
	每月占比	8.70%	5.80%	8.10%	9.30%	7.80%	6.80%	7.70%	8.70%	8.80%	7.60%	9.10%	11.60%	100%
	季度		第一季度			第二季度			第三季度			第四季度		
	季度金額													
	季度占比		22.60%			23.90%			25.20%			28.30%		100%
20x3 今年	銷售業績										xxx	xxx	xxx	
	每月占比	8.10%	9.00%	9.40%	8.70%	7.80%	7.50%	6.50%	8.70%	7.90%	6.80%	9.50%	10.10%	100%
	季度		第一季度			第二季度			第三季度			第四季度		
	季度金額													
	季度占比		26.50%			24.00%			23.10%			26.40%		100%

說明：業績 xxx，未來幾個月業績自行預估

年度	月分	1月	2月	3月	4月	5月	6月	7月	8月	9月	10月	11月	12月	合計
預估明年 20x4 初稿 A	銷售業績													
	每月占比	9.50%	7.00%	9.00%	8.50%	8.50%	7.00%	7.50%	8.50%	8.50%	8.00%	8.50%	9.50%	100%
	季度		第一季度			第二季度			第三季度			第四季度		
	季度金額													
	季度占比		25.50%			24.00%			24.50%			26.00%		100%
預估明年 20x4 調整後 B	銷售業績													
	每月占比													
	季度		第一季度			第二季度			第三季度			第四季度		
	季度金額													
	季度占比														100%
調整事項 說明														

章節習作

【習作題目】20x4 年銷售目標擬上調 50%，請研擬六都營業部的銷售目標。

【條件設置】臺灣六都營業部業績資料

一	20x3 年區域人口（萬人）		20x3 年各營業部業績（萬元）			
	營業部	人口數	年度目標	上半年實績	下半年實績	年度實績
1	臺北市	254	3,200	1,600 (45.71%)	1,900 (54.29%)	3,500 (100%)
2	新北市	402	3,000	1,400 (43.75%)	1,800 (56.25%)	3,200 (100%)
3	桃園市	227	2,000	1,000 (55.56%)	800 (44.44%)	1,800 (100%)
4	臺中市	282	2,500	1,000 (45.45%)	1,200 (54.55%)	2,200 (100%)
5	臺南市	187	2,000	750 (46.88%)	850 (53.12%)	1,600 (100%)
6	高雄市	275	2,800	1,400 (56%)	1,100 (44%)	2,500 (100%)
合計	六都營業部	1,627	15,500	7,150 (48.31%)	7,650 (51.69%)	14,800 (100%)

Chapter
18

康師傅通路精耕專案分享

18.1 通路精耕專案

通路精耕專案是本人於 1997 年任職頂新國際集團時期負責的一項行銷專案。行銷專案與美國麥肯錫顧問公司合作，選擇南京市作爲專案調研的主要地區，本人帶領康師傅通路精耕小組與麥肯錫顧問團隊直接對接啓動專案，全程參與前期的專案調研工作以及後期的集團專案推行工作。

本人於 1997 年 9 月提出「區域責任經銷商管理制度建議草案－Part I」，同年 10 月又提出「建議草案－Part II」。後來集團高層對全國通路的經營拓展有更高一層的策略想法，期望針對此項議題研擬規劃一個通路拓展管理模式，作爲集團各子公司通路拓展的指導手冊。

1998 年年初，專案由本人帶領集團總部營管與通路組的呂瑋與韋桐林二位同仁，同時提調重慶營業部的一位營業銷售主管唐有明，以及南京營業部的三位行銷企劃人員，組成通路精耕小組，與麥肯錫顧問團隊直接對接工作，兩組人員在南京開始啓動三個月的專案調研工作。

集團與麥肯錫公司合作的專案名稱爲「設計和實現一個現代化經銷商管理體系」。後來集團高層在專案規劃完成啓動推行之前，又將市場通路拓展策略提高一個層次，明確規範全國通路拓展策略方針，將內容調整爲「精耕省區通路」以及「提升省級營業部銷售業績」爲目標的專案。集團高層將調整後的專案名稱定調爲「通路精耕專案」。

18.2 當時時空背景

18.2.1 產品市場狀況

當時期方便麵產品在消費者心中算得上是中高檔的食品，而集團公司康師傅方便麵品牌產品已經是市場上第一品牌產品。康師傅方便麵在通路上的競爭能力很強，品牌產品在消費者心中有很高的知名度、美譽度以及購買指名度。

18.2.2 批發市場狀況

快速消費品類的批發商基本上都聚集在批發市場，各省省會城市批發市場的暢貨物流功能非常強大。當時期的批發商大部分是「坐批」批發商，具有「行批」能力的批發商較少。而所謂有「行批」能力的批發商也只是有車輛、有配送能力而已，在如何拓展銷售末端網點以及如何管理銷售業務人員等方面均有待加強。

批發市場的批發商是彼此既競爭又聯合的經營狀況。每家批發商都有其來自附近區域的固定二批商，品牌廠商在批發市場的批發商數量不能太少，否則意味著失掉許多附近區域的二批商。但是批發商也不能開發太多，因為批發市場內某些批發商是彼此聯合串貨的，一家批發商經銷的品牌產品，幾家批發商就聯合一起向外串貨。

18.2.3 集團通路狀況

當時期集團與地區公司還沒有制定明確的通路拓展政策。許多地級市都還是沒有經銷商的空白區域市場，某些營業部的銷售業績集中在幾家大經銷商手裡。經銷商責任區域需要規劃多大範圍？區域市場採用單一經銷商制度？還是複式經銷商制度？哪些通路需要營業部直營？哪些零售末端需要營業部直營？基本上都由省級營業部經理主導，各省級營業部還沒有一致性的制度規範。

多數經銷商還缺乏對集團公司的向心力與忠誠度。大部分經銷商同時經銷競爭品牌產品，有些經銷商每月銷售競爭品牌產品金額比銷售集團公司產品金額還大，競爭品牌產品隨著集團公司經銷商通路同時往下游滲透紮根。集團公司的通路政策、通路價格、促銷活動力度等市場資訊完全曝露無法保密，當然集團公司也相對的蒐集競爭品牌公司的這些市場資訊。

18.2.4 集團營業幹部狀況

境外臺籍營業部經理來自四面八方，如何經營市場拓展通路？如何管理輔導銷售業務團隊？如何輔導與管理經銷商？營業部經理都有個人的想法與管理風格。所以出現兩種現象：第一種現象是，營業部換了一位營業經理，往往因為前後任經理的管理風格或作法不同，就有可能就換了一批經銷商，而這批經銷商就轉向經銷競爭品牌產品；第二種現象是，營業部換了一位業務能力較強的營業經理，營業部的銷售業績馬上就有成長，反之則銷售業績停滯不前或下降。

18.3 專案部分重點策略分享

在當時期，大的批發商大部分都集中在省會城市的批發市場，批發商大部分是坐批批發商，具有行批能力的批發商較少。由於市場上還缺乏有效的管理機制，大的批發商就到處串貨倒貨，小的批發商就守在家門口攤床作店頭生意。

市場零售末端除了一些國營百貨公司大賣場之外，市場上大部分還是士多店或夫妻老婆店比較多。現代型連鎖超市系統以及國際型量販店系統，剛剛開始進入中國大陸市場，而且系統數量不多。當時期想要推行區域經銷商制度真的有相當難度，策略規劃思維已經不是經銷區域要規劃多大，而是規劃的區域內需要有多少銷售末端網點才能養活一家區域經銷商，於是就有通路轉型的思維產生。

18.3.1 啟動通路轉型程序

1. 普查零售店與批發商，建立資料庫。
2. 明確直營零售店，建立資料庫。
3. 確認需求經銷商數量及經銷區域範圍。
4. 尋找潛在經銷商，建立資料庫。
5. 評估確認核心經銷商，建立資料庫。

18.3.2 經銷商管理體系規劃

1. 制定經銷商的管理原則。
2. 確定公司與經銷商的角色及職責。
3. 經銷商及經銷商業代的評估機制。
4. 經銷商及經銷商業代的獎懲機制。

18.3.3 公司銷售業務管理體系規劃

1. 確定銷售業務人數與分工。
2. 規定銷售業務工作時間分配。
3. 制定銷售業務日常工作職責。
4. 建立銷售業務的評估與獎懲機制。

18.3.4 區域經銷權保障

　　地區公司與經銷商簽訂經銷協議書，明確規定其經銷區域範圍以及經銷產品品類。如果經銷商沒有違反公司的重大政策規定，經銷協議期滿之後經銷商有續約的優先權，公司不能隨意取消其區域經銷權。此項協議內容的主要目標有二：保障經銷商經銷權益以及提升經銷商對公司向心力的雙重目標。

　　當時期集團銷售團隊對所謂的區域經銷權保障制度還沒有清楚的認知，後來集團調派各省區的營業所所長以及各地區公司的行銷企劃人員回集團總部培訓，直接以經銷商合約書為培訓教材，集團高層充分顯示對通路精耕的企圖心。

18.4 專案部分重要戰術分享

　　專案執行期間，因應市場拓展狀況推陳出新的制定各項行銷戰術，這些行銷戰術在當時都很有創意，例如「前店後庫」、「郵差」、「信箱」、「轉單」等，都是當時朗朗上口行銷戰術名詞。

　　集團企劃部門也出刊《行銷快訊》，分享各地區公司專案推行的成功經

驗。一家地區公司的某項戰術有了不錯的成果，集團公司則安排其他地區公司的營業部經理與企劃部經理前往學習取經。

18.4.1 經銷區域全覆蓋

輔導經銷商地圖作業，要求經銷商與經銷商組建的二批商，分銷配送必須覆蓋到全部經銷區域範圍，經銷區域內不能出現沒有分銷配送的空白區域。一家地級市經銷商必須明確規劃，地級市覆蓋地級市城區、城郊及郊縣，縣級市覆蓋縣級市城區、城郊及鄉鎮。這也是所謂「通路精耕」名稱的精義。

18.4.2 助理業務轉單

當時期經銷商拓展區域內銷售末端網點的開發能力還不夠積極。地區公司首先在省會城市的營業部設置城市拓展組，組織編制城市經理一人，助理業務數人。助理業務的主要工作為開發下列區域附近的銷售末端網點，火車站、汽車站、旅遊景點、大型社區、機關學校、城鄉結合等區域。

助理業務開發銷售末端網點所接到的訂單，轉交給各區域內的經銷商。助理業務的工作有如活動式的郵箱，主動收取銷售末端網點的訂單，而區域經銷商收到訂單後，有如郵差式的即時送貨，此種模式稱之為郵差信箱。

集團公司曾有段期間鼓勵這批郵差信箱助理業務在體制內創業，以彌補省會城市人口較多區域銷售末端網點開發不足現象。給予劃定專責拓展區域範圍、給予高於經銷商的銷售利潤，但是要求必須要有一間小倉庫以及一輛送貨車輛。

18.4.3 前店後庫

當時期批發市場的暢貨物流功能非常強大。批發市場內的每家批發商都有其各自的二批商，到批發市場的二批商也都有其主要往來的批發商，因此在批發市場內大體上呈現下列的情況：

1. 假設批發市場有 100 家門店，如果您只開發了 10 家門店，大概意味著您可能至少漏失掉了來批發市場補貨的 60～70% 二批商。

2. 批發市場批發商與批發商之間，除了彼此關係較好的幾家批發商之間會有彼此調貨情事外，有些批發商彼此之間存在著競爭性質，彼此幾乎不相往來。

3. 批發市場的批發商，一般會經銷代理幾家品牌公司產品，一般比較沒有嚴格執行品牌廠商通路價格的意識。

集團高層對部分未能充分開發的批發市場，針對批發市場此種銷貨現象，制定「前店後庫」政策。選擇在批發市場內部或市場附近直接設置銷貨據點，直接開發批發市場的批發門店。設置的銷售據點必需符合前有門店可以銷貨，後有倉庫可以儲放產品的基本要求，此種模式稱之為前店後庫。

18.4.4 排他條款

地區公司與經銷商簽訂經銷協議書，同時經銷協議書開始加上「排他條款」。要求經銷商不能同時經銷競爭品牌產品，阻絕競爭品牌產品隨著公司經銷商通路渠道往下滲透的現象。

經銷商如果經查覺經銷競爭品牌產品，先經友好協商溝通，溝通後如果仍然沒有改善，地區公司即取消該經銷商的區域經銷權。銷售業務人員如果執行此項政策不利，情況嚴重者有可能被調職或處以其他處分，營業部經理也會受到連坐處分。結果所謂道高一尺魔高一丈，有許多經銷商就利用其他人名義，另外再開一家公司經銷競爭品牌產品。

18.5 群策群力落地執行：專案會議

為落實推行通路精耕專案，集團總部規劃一套通路精耕會議專用的銷售管理表格，這套表格能夠具體反映通路拓展進度以及銷售業績狀況。

集團總部每月召開通路精耕專案會議，專案會議由集團董事長與方便麵事業群總經理親自帶領集團幕僚群主持。每家地區公司由總經理、企劃部經理、省級營業部經理，輪流上臺直接向集團董事長與方便麵群總經理彙報市場拓展進度以及銷售業績狀況。

當時集團有七家方便麵地區公司，每家公司大約有五位行銷高管，包含總經理、企劃部經理以及三位省區營業部經理。通路精耕專案會議由每家地

區公司行銷高管輪流上臺直接向董事長與群總匯報工作。會議報告中，如果董事長認為報告的內容資料有問題，或者集團幕僚察覺地區公司總經理的資料與營業部經理的資料無法相互吻合，地區總經理與營業部經理必須即席答辯。

通路精耕專案會議就在此種狀況之下如火如荼的展開，地區公司報告者戰戰兢兢，集團幕僚鷹眼目光如炬，董事長與群總即席指點江山。會議現場有時候指責炮聲隆隆，有時候慶功掌聲如雷，開一場專案會議下來，足以讓人瘦下三公斤，當時也沒有人能夠預測專案會議還要持續召開多久期間。

通路精耕專案會議的會議成本很高，也直接影響到地區公司總經理、企劃部經理以及省區營業部經理在集團公司內部的升遷。因此在專案會議之前，地區公司總經理、企劃部經理以及營業部經理都會先有會前會，一起分析當月的銷售狀況以及研討下個月的銷售對策。如此群策群力落地執行專案會議，使得專案會議產生很高的實質會議成果。部分執行成效不好的地區公司總經理、企劃部經理或營業部經理，開始有人被要求離開工作崗位。地區公司對銷售業務也有相對的淘汰機制。

18.6 通路精耕策略分析

18.6.1 產品通路戰力

產品通路戰力是通路精耕策略的規劃前提。產品通路戰力不強，產品的鋪貨率與產品鋪貨之後的銷售量就不一定成正比。

一般來說，強勢鋪貨是可以做得到的，但是鋪貨之後產品是否能動銷，那又是另外一個問題。所以在規劃通路精耕之前必需考慮產品通路戰力。當然如果品牌產品通路戰力還不具備全面通路精耕條件，亦可以本著通路精耕精神，先選定某些區域市場規劃產品鋪貨，同時研擬規劃地區性的推廣促銷活動提升市場拉力，逐步精耕部分區域市場。

18.6.2 組建經銷商團隊

產品銷售是經由經銷商的通路渠道銷售出去的。銷售團隊應該包含行銷企劃、營業銷售以及經銷商等三個團隊。行銷企劃與營業銷售是企業能夠完全掌控的兩個團隊。所謂的通路精耕就是要組建第三個團隊，即是銷售產品的經銷商團隊。組建一個集團公司可以掌控的行銷通路網路，由行銷企劃、營業銷售、經銷商，把通路「推」的力量完全貫通掌控。這是通路精耕的策略目標之一。

18.6.3 整改營業銷售團隊

營業銷售團隊是企業創造營業收入的主要團隊。營業銷售團隊的績效需要評估考核。對績效不好的銷售業務人員應該給予培訓輔導，對培訓輔導後仍然不適任的銷售業務人員應該要有相對應的淘汰機制。整改營業銷售團隊達到精兵強將目標，才能確保通路精耕執行成效。

18.7 成功關鍵因素分析

通路渠道組建是費時、費事與費力的行銷工程。產品通路戰力是通路精耕的規劃前提，通路精耕專案會議是通路精耕必備的銷售管理工具，整改營業銷售團隊以及組建經銷商團隊才能確保通路精耕執行成效，企業老闆執行企圖心更是通路精耕成敗關鍵因素。

1998 年康師傅的通路精耕專案，至今仍是快速消費品行業的經典成功案例。個人總結通路精耕專案推行成功的主要關鍵因素有三：

1. 集團董事長對通路精耕專案的執行決心。
2. 通路精耕專案會議規劃與執行的成功。
   專案會議資料能夠具體反映拓展進度與銷售狀況。集團高層有管控通路精耕的實際執行數據。
3. 行銷團隊群策群力的努力，企業資源整合成功。

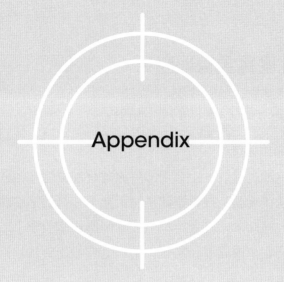

Appendix

企業變大變強的成長思維

A.1 企業為什麼需要管理變革

A.1.1 經營企業是一種持續性的管理過程

1. 企業賺了第一桶金以後

企業賺了第一桶金以後，企業老闆可能會有什麼想法與願景？繼續拓展市場，提升營業銷售業績？投資擴建生產工廠，提高製造產能規模？改善企業經營管理體質，邁向永續經營目標？開始研擬規劃股票上市作業？

答案會是什麼呢？很簡單，答案就是以上皆是！

2. 企業經營受到許多方面因素影響

企業在不同的經營階段，會有其各自階段性的經營發展優勢與需要突破改善的經營管理問題。企業經營者必需在各種不同的經營環境與經營條件之下，不斷的做出決策以及採取相對應的變革措施，企業才能夠持續的發展成長。期間原因可能很多，或許是為了企業的生存，或許是為了改善企業的經營體質，或許是為了提升企業的經營利潤，或許是為了帶領企業往更高階的領域發展。

政府相關政策法規的變化，產業新的材料出現，產業新的生產技術出現，產業新的生產機器設備上市，強大競爭者加入行業內競爭，有競爭性質的新興行業崛起，消費者的需求發生改變等，這些來自企業外部的因素，都有可能對企業經營產生直接或間接的影響，或者甚至可能對企業產生直接性的生存威脅。

當然也有些影響因素是來自於企業本身內部的。從製造生產到營業銷售，我們也常看見到一些狀況，例如：生產製造成本過高、產品品質不穩定、產品品質與價格沒有競爭力、研發能力不足產品老化、滯銷產品庫存量過高、呆置的包裝材料庫存量過高、銷售促銷費用過高、營業銷售業績停滯成長緩慢等。或許這些狀況在剛開始發生的時候，只是種種內部的管理現象，而不是影響因素。但是如果這些狀況沒有處理改善，這些管理現象就會逐漸轉變成為影響因素，企業經營有可能因此而逐漸的陷入經營困境。

3. 永續經營是企業追求的經營目標之一

做生意賺大錢與經營管理企業有時候兩個思維並不完全一樣。企業目前經營賺錢了，但是也不能保證未來還會一直賺錢。企業營業銷售金額變大了，企業組織人數增多了，企業已經經營好幾十年了，但是這些現象也不能完全表示企業經營管理已經上軌道了。

也就是說，企業經營管理是否上軌道？有時候和企業經營時間長短、企業組織人數多寡、企業營業銷售金額大小等，沒有絕對性的直接關係。企業期望邁向永續經營目標，企業經營管理模式必須上軌道，企業經營體質必須更具備生存發展優勢。

A.1.2 華麗轉身管理變革成長

市場上那些企業組織規模很大，營業銷售金額也很大，經營管理模式也很完善的國際型知名企業，這些企業如果把時光倒退到剛開始創業的前十年或前二十年階段，在那個時間階段或許我們可能發現，這些國際型知名企業的經營管理狀況，有可能比我們目前大部分企業的經營管理狀況還要混亂。

後來這些企業是如何成長的？是如何變大變強的？是如何變成國際型知名企業的？回顧瞭解這些企業的成長歷程，我們會發現一個共同的成長現象，這些企業的成長歷程，從企業成立到成為國際型知名企業，幾乎沒有一家企業是一帆風順的。在其各自不同的經營階段，也都曾經有過各種需要突破的經營管理瓶頸。也就是說，這些企業都經歷過一次次的管理變革歷程，才得以成長變成現在的國際型知名企業。

管理變革使得企業更具生存發展優勢以及營業銷售業績得以持續成長。一次次的管理變革，將企業一次又一次的推向另一個更高的企業經營高峰。企業各項經營管理模式也逐漸趨於完善，企業不斷變大變強，企業逐漸脫胎換骨轉變成為國際型知名企業。

管理變革使得企業經營體質更具有生存發展優勢。

管理變革使得企業產品在市場上更具有競爭能力。

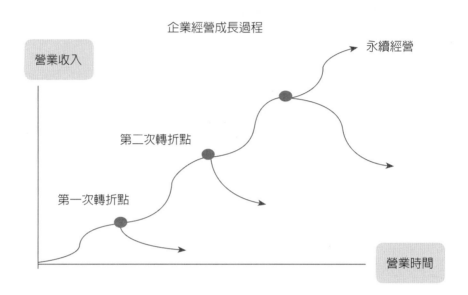

企業經營成長過程

A.1.3 賺了第一桶金以後的管理變革

企業賺了第一桶金以後的第一次管理變革，應該設定在以提升營業銷售業績為核心目標的管理變革。在此我們必需認知，提升營業銷售業績為核心目標的管理變革，它是一項行銷管理職能全面升級的系統工程。

它不是一項新產品研發方案，不是一項行銷推廣方案，不是一項廣告投放方案，更不是一項產品包裝設計方案。

1. 企業變大變強的管理變革思維

以提升營業銷售業績為核心目標的管理變革，除了部分行銷理念必需調整外，還需要有具體的行銷管理規劃來支撐。針對企業下階段的經營發展優勢與需要突破改善的經營管理問題，進行全面性的管理精進或變革規劃，才能迎接下階段企業營業銷售成長的挑戰。

例如：行銷團隊（行銷企劃 Plan、營業銷售 Do、銷售管理 See）的組織是否需要調整？行銷部門的工作職掌是否需要調整？通路拓展策略是否需要調整？如何提升產品通路戰力？如何塑造通路拳頭產品？營業銷售管理模

式是否需要調整？營業銷售會議模式是否需要調整？營業銷售推廣促進模式是否需要調整？經銷商評估選擇與輔導支持的管理模式是否需要調整？乃至於年度營業銷售目標的研擬規劃與銷售目標分配之模式是否需要精進調整？

2. 隱性的管理變革目標

管理變革還存在一個隱性的管理變革目標。在管理變革過程中，將企業的經營管理模式提升到「法制」的層次，以制度來規範與管理企業，盡量減少創業初期階段的「人治」色彩。

A.1.4 投入人才進行管理變革成長

未來企業之間的競爭是經營團隊與經營團隊之間的競爭。業績只是一個階段的經營結果，管理也只是一個階段的經營過程，想要提升營業銷售業績，期望改善經營管理體質，根本上還是需要從「投入人才」方面著手。

企業在不同的經營階段，需求的「人才規格」也會有所不同。如何識人、選人、用人，是企業經營管理的成功關鍵因素之一。先要有伯樂才會有千里馬；先要有唐太宗的納諫心胸，才能造就魏徵的傑出表現。企業老闆需要具備選人及用人的智慧。

期望管理變革成長，期望邁向永續經營目標，企業老闆必需組建一支精兵強將能征善戰的經營團隊。

打天下難，坐天下更難！坐天下難，治天下更難！

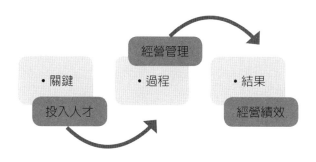

A.1.5 小結

企業為什麼需要管理變革？不變革可以嗎？

龍蝦成長過程，類似企業經營管理變革過程。龍蝦長大了，上一個階段長成的硬殼限制了龍蝦繼續成長，龍蝦為了長得更大，需要蛻殼原來的硬殼，換一張新的軟殼，龍蝦才能繼續成長，經過幾次換殼，龍蝦才能蛻變為大龍蝦。

企業變大變強的成長思維亦是如此。

A.2 如何啓動管理變革機制

A.2.1 回歸行銷的基本層面

無論行銷如何創新，行銷最基本的東西沒有改變。對顧客而言最爲關心的還是價格與產品本身，而能夠影響顧客的最基本要素依然是促銷與廣告。因此需要重新審視我們對這些基本層面的努力是否做得足夠。（陳春花，2019）

回到本質思考是源於看到這二十年來中國行銷領域的浮躁和急功近利現象，這些現象的存在，表明人們並沒有眞正瞭解行銷，所有的努力如果不能夠與行銷的基本層面結合，其實是無法解決問題的。（陳春花，2019）

A.2.2 啓動管理變革機制

企業賺了第一桶金以後的第一次管理變革，應該設定在以提升營業銷售業績爲核心目標的管理變革成長。

在此同時我們必需意識到，提升營業銷售業績是個結構性的問題，不是單純的銷售問題。期望提升營業銷售業績可能涉及到市場調研、產品研發、原料採購、生產製造、品質管制以及行銷企劃與營業銷售等相關環節。所以我們說它是一項行銷管理職能全面升級的系統工程。

營業銷售團隊的管理職能是創造營業銷售業績。市場競爭與時俱進的變化，行銷企劃團隊的管理職能是從產品、價格、通路與推廣等四個層面，研擬規劃有效的行銷組合，支援營業銷售團隊拓展市場提升營業銷售業績。因此，以提升營業銷售業績爲核心目標的第一次管理變革，應該從這兩個團隊的管理職能升級著手，健全行銷企劃管理職能以及精進營業銷售管理職能。

檢視產品通路戰力

企業已經賺了第一桶金了，產品在通路上應該已經具備有一定的通路戰力。但是在啓動管理變革的前期階段，還是強烈建議必須全面檢視產品通路戰力狀況。產品通路戰力強，管理變革可先從精進營業銷售管理職能著手；產品通路戰力不強，管理變革就必需先從健全行銷企劃管理職能著手。

A.2.3 精進營業銷售管理職能

精進營業銷售管理職能可以從營業銷售會議規劃開始。我們學習得知，康師傅集團在啓動通路精耕時期，規劃了一套營業銷售會議專用的銷售管理表格，這套銷售管理表格能夠具體反映通路拓展進度以及銷售業績達成狀況。

康師傅集團董事長帶領總部幕僚群每月親自召開通路精耕專案會議，利用營業銷售會議來瞭解、督促與管理通路精耕的實際進度狀況。所以說，營業銷售會議是營業銷售高階主管必需具備的銷售管理工具之一，同時也是精進營業銷售管理職能的切入端口。

策略方法隱藏在管理表格之中

提升營業銷售業績的策略方法就隱藏在銷售管理表格之中。提升營業銷售業績的策略方法，首先需要有一套邏輯性強的銷售管理表格設計，銷售管理表格會將銷售結果以能進一步有效分析的報表方式呈現，提供管理者作爲銷售管理工具之用。如果銷售業績表現亮麗，則可以提煉成功經驗衝刺業績提升業績；如果銷售業績不理想，則可以從銷售資料中分析瞭解其原因所在，針對不同原因，研擬規劃解決銷售業績不理想的策略方法。

銷售管理表格規劃

所謂邏輯性強，就是說每一張銷售管理表格的設計，都有其想表達的管理目標。整套表格之間也有一定的關聯性，使整套表格能呈現一個更高階的管理目標。

銷售管理表格的設計應該分爲兩個階段性：管理變革第一階段，表格要能夠具體反映通路拓展進度以及銷售業績達成狀況；管理變革第二階段，表格規劃應該增加對銷售問題的分析與改善建議的提出。

A.2.4 健全行銷企劃管理職能

行銷企劃管理職能基本上可以分爲三大類職掌部門：行銷企劃部門、產品企劃部門以及品牌管理部門，這三大類職掌部門必需具備的專業知識，基本上有較大的差異。

　　健全行銷企劃管理職能運作應該從行銷企劃團隊的組織架構以及部門工作職掌規劃做起。良好的組織架構設計，各項行銷工作職掌事物均有負責處理的專責單位，整個行銷企劃組織體系自然能順暢運行，充分發揮群策群力的組織效果。

成立行銷企劃部門的必要性

　　企業在創業初期階段，組織中可能沒有行銷企劃部門以及人員的編制，對行銷企劃的工作認知，也可能比較偏向促銷或廣告等事務。在此階段，行銷企劃部門主管職務實際上是由企業老闆本人兼任，企業老闆本人親自處理有關產品、價格、通路、促銷（含廣告）等行銷企劃工作事務。

　　隨著企業規模不斷增長，基於市場經營與競爭的雙重行銷壓力，行銷企劃工作量也會不斷增加，行銷企劃工作內容需要有精細化的作業研擬。企業組織應該開始規劃成立行銷企劃部門，專責研擬規劃有效的行銷組合，支援營業銷售團隊拓展市場提升營業銷售業績。也就是說到了此階段，企業老闆已經不能也不合適再繼續兼任行銷企劃部門主管職務，企業有成立專責行銷企劃部門的必要性。

行銷企劃管理職能特性

　　行銷企劃管理職能是較具專業性的工作，優秀的行銷企劃幹部需要有較長時間的培育養成。外聘具有一定實戰經驗的優秀行銷企劃幹部加入團隊，更是不容易。經過一段時間的養成之後，一位好的行銷企劃幹部，同時也必定是一位好的營業銷售幹部。因此在行銷企劃部門的組織人員編制，應該要有較前瞻性的規劃，部門人員編制最好能夠有較富餘的編制員額。

組建行銷企劃部門的兩難

　　行銷企劃管理職能是較具專業性的工作，在組建行銷企劃部門的初期階段可能會遇到一些實際的問題需要逐一的克服，行銷企劃部門由人員組建到團隊能夠發揮行銷管理技能，可能需要一段時間多次的調整，這就是所謂組建行銷企劃部門的兩難。

1. 招聘階段：如何評估選人

　　行銷企劃管理職能是較具專業性的工作。招募新人也好、挖角有經驗的人員也好，企業在招聘階段如何評估選人？

2. 新人階段：如何育人、用人

　　行銷企劃管理職能是較具專業性的工作。新人進入企業後，如何培訓各項行銷管理技能？如何帶領新人進入工作崗位？

3. 人員整改階段：如何組建團隊

　　如何淘汰不適任人員？如何留下有潛力人員？如何發揮行銷管理技能？

A.2.5 小結

　　提升營業銷售業績為核心目標的第一次管理變革，產品通路戰力強，管理變革可先從精進營業銷售管理職能著手，產品通路戰力不強，管理變革就必須先從健全行銷企劃管理職能著手。

A.3 管理變革初期用人的兩難

A.3.1 管理變革任務是高難度的工作挑戰

提升營業銷售業績為核心目標的管理變革是一項行銷管理職能全面升級的系統工程。管理變革期望企業經營體質更具有生存發展優勢，現階段的組織模式、管理模式、人員規格，是否能夠支持下階段的成長需要？

• Business Management Planning，BMP，管理規劃

成長變革、管理變革、轉型變革，基本上由 BMP 管理規劃開始切入。經由 BMP 管理規劃，強化企業經營體質，提升產品市場競爭力。

• Business Planning Management，BPM，制度管理

審查制度是否經過精細化研擬？稽核制度是否落地執行？經由 BMP 到BPM，保證管理制度的落地執行。

如此的管理變革任務對部門主管來說可能都是高難度的工作挑戰。

管理變革初期階段，企業開始要求精進完善管理制度規劃，並要求管理制度精細化管理以及落地執行，企業老闆應該會遇到一些煩人的組織人事問題。

1. 某些高管好像沒有意識到管理變革對公司的重要性，主動積極配合意願不高。
2. 某些高管無法勝任管理變革任務，可是企業內部又沒有合適崗位可以調崗。
3. 某些高管不但無法勝任管理變革任務，還有排斥變革的心態。
4. 某些部門主管之間，有明顯消極不合作心態。
5. 想要培訓某些對企業有貢獻的高管，但是又不知道如何教育培訓。
6. 想淘汰某些不適任的高管，又怕招聘不到更有能力的人才。
7. 對於某些無法勝任或有排斥心態的高管，沒有一套輔導或處理的機制。

A.3.2 第一難：培訓難

1. 企業內部沒有合適的培訓講師

　　企業內部要對職能部門的最高主管進行職能專業的在職培訓，在實務上是有困難度的。理論上職能部門的最高主管應該是企業內部在這個職能領域的專業權威，在企業內部可能找不到合適的在職培訓講師。

2. 企業外部沒有合適的培訓課程

　　早期臺灣部分大學院校與企管顧問公司，有專業職能的公開班培訓課程。公開班的講師都是聘請當時知名企業的高管，培訓課程基本上是以這些知名企業的管理實務為主要內容，讓培訓後的學員回到工作崗位後能夠馬上參考使用，同時也讓學員對這個專業領域的深廣度有更全面性的認知與學習。

　　依稀記得這些培訓課程有：生產管理實務班、採購管理實務班、品保管理實務班、行銷企劃實務班、營業銷售實務班、國際貿易實務班、財務會計電腦化、稽核管理電腦化等等課程。現在整個教育培訓市場狀況已經改變，幾乎沒有這些公開班的培訓課程了。

A.3.3 第二難：招聘評估選擇難

1. 招聘評估選擇難

　　從招聘目的來說，高階職業經理人的未來工作是帶領團隊完成管理變革任務，他所具備的職能專業應該要比目前公司主管的職能專業還高。在此情況之下，如何對應聘的高階職業經理人做出正確的評估選擇，在實務上是有難度的。

2. 應聘人員的高薪要求

　　一般有實務經驗、有工作能力的高階職業經理人要求的薪資可能會比較高。當然也可能不是職業經理人要求的薪資較高，有可能是企業的薪資水平原本就低。這中間還存在另一個問題，接受對方的高薪要求後，如何平衡企業內部人員的薪資水平問題，其他部門高管會不會有不滿的情緒產生？如此，接受與不接受應聘人員的高薪要求，都考驗著企業老闆的用人智慧。

3. 職位平臺設置

所謂虛懸其位以待能者，但是不滿或排斥的心態暗潮洶湧。高階職業經理人基於工作需求，需要一個能夠與工作相互匹配的職位平臺。如何創造或規劃一個合適的職位平臺，也考驗著企業老闆變革轉型的企圖心。

這中間還存在另一個問題，企業內部開國元老與皇親國戚的心態問題，他們會不會產生不滿或排斥的心理？高階職業經理人的職位平臺設置也考驗著企業老闆的用人智慧。

A.3.4 第三難：皇親國戚難

所謂打虎親兄弟上陣父子兵，家族企業可能是多數企業創立的基本模式，我們也必需承認家族企業是很不錯的創業模式之一。皇親國戚與企業老闆齊心打拼，對企業應該有不可磨滅的貢獻。某些皇親國戚應該都已經進入企業的經營核心，並且位居企業的重要職位。如果企業高階的皇親國戚明顯無法勝任變革管理任務，企業老闆要如何處置？

如何處置無法與企業一起再成長的皇親國戚，也考驗著企業老闆的用人智慧。

以下是幾個煩人的案例：

1. 經過培訓仍舊無法達到高階高管應該具備的管理能力標準，應該如何處理？

2. 成立子公司由其獨立經營，結果虧損連連無以為繼，應該如何處理？

3. 仍舊給予高階高薪，調任其他較不影響管理變革的部門。總是認為被人篡位大權旁落，對公司的調任非常不滿，應該如何處理？

4. 在其組織之下編制高階職業經理人，輔佐其執行管理變革任務。無法虛心學習，總是認為現況最好無需改變，或者權威心態使然，外行領導內行的情況明顯，可能還有排斥變革的心態，應該如何處理？

5. 在其組織之上編制高階職業經理人，帶領其執行管理變革任務。主動積極配合意願不高，可能還有明顯消極不合作心態，應該如何處理？

A.3.5 第四難：開國元老難

　　開國元老也和皇親國戚一樣，創業階段即與企業老闆共同打拼開創企業版圖。這些開國元老對企業的成長有很大的貢獻。如果企業高階的開國元老明顯無法勝任管理任務，企業老闆要如何處置？如何處置無法與企業一起再成長的開國元老，也考驗著企業老闆的用人智慧。

1. 想要給予培訓，但是企業外部都沒有合適的培訓機構。
2. 想要給予調崗，但是企業內部又沒有合適崗位可以調崗。
3. 想要予以辭退，但是濃濃的革命情感又無法下決定。

A.3.6 第五難：淘汰辭退難

　　多數企業可以運作掌控的組織部門與人事資源相對性的受到許多局限。淘汰、辭退一位高階高管，這中間還關聯到一連串的組織人事問題。企業是否具備優質的工作條件能夠吸引有經驗、有能力的職業經理人加入經營團隊？辭退現任高階高管，另外對外招聘任用，也考驗著企業老闆的用人智慧。

1. 辭退現任高階高管之後是內部升遷調任？還是外部招聘人員替補？
2. 內部升遷調任，企業內部是否有更合適的高階高管可以調任？
3. 外部招聘替補，企業文化、管理模式、組織人事、薪資結構等是否可以融入？

A.3.7 小結

　　企業本身不會有問題，企業問題是人造成的。企業在不同的經營階段，需求的「人才規格」也會有所不同。如何識人、選人、用人，是企業經營管理的成功關鍵因素之一。

A.4 春秋戰國秦國商鞅變法

　　話說春秋戰國時代，時序由春秋五霸轉變成戰國七雄，戰國諸國國君競相變法圖強。商鞅自魏國入秦，秦孝公任他為左庶長開始變法。秦國經過商鞅變法大治，秦國老世族反撲，商鞅最後遭到五馬分屍車裂大刑。秦惠王和他的子孫都繼續實行其新法，為後來秦滅六國統一中國奠定了基礎。

　　大秦帝國電視連續劇膾炙人口，我們或許可以看電視學秦國商鞅變法。（以下劇情對話內容摘自《大秦帝國》電視連續劇）

A.4.1 強國之道乃法家精義之學

【劇情】商鞅對秦孝公嬴渠梁進言

　　強國之道乃法家精義之學，法家強國務求國家實力增長，務求激勵朝野士氣。強國範式不同，魏、齊、楚三強範式，魏國範式，甲兵財貨之強，齊國範式，明君吏治之強，楚國範式，山河廣褒之強，而這三強，皆非根本之強，不足效法。

【我們可以這樣理解】

1. 管理變革階段應該採用法家的法治精神，以制度來規範與管理企業。溫良恭儉讓的儒家精神，可能不太適合企業管理變革階段的精神。
2. 魏、齊、楚三強範式，都不是「使得企業經營體質更具有生存發展優勢」的模式，只是針對部分領域的變法圖強。也就是說，魏、齊、楚三強範式都沒有做到「管理職能全面升級的目標」。

A.4.2 三強不足以效法原因

【劇情】商鞅對秦孝公嬴渠梁進言

　　三強不足以效法原因在於只強一時不強永遠。遇明君則強，遇常君則弱，遇昏君則亡。根本原因便在於三國變法只走半途，法令半新半舊，明為法治，實為人治。如此邦國起伏震盪不定，無法長期集國力而強大。秦國要崛起，便要走根本強大之路。

【我們可以這樣理解】

1. 管理變革是一項行銷管理職能升級的系統工程，唯有全面強化行銷管理職能，才能改善企業經營體質，才能邁向永續經營目標。

2. 在管理變革過程中，將企業的經營管理模式提升到「法制」的層次，以制度來規範與管理企業，盡量減少創業初期階段的「人治」色彩。

A.4.3 變法有三難

【劇情】商鞅與秦孝公嬴渠梁的對話

變法愈深徹，道路愈艱難，變法有三難。

第一難，衛鞅：「需有一批竭誠擁戴變法的新銳骨幹居於樞要職位。」嬴渠梁：「起新黜舊，嬴渠梁全力變法凝聚力量。」

第二難，衛鞅：「法治不避權貴，宮室宗親違法與庶民同罪。」嬴渠梁：「六親不認是難，但嬴渠梁能做到。」

第三難，衛鞅：「國君需對變法大臣堅信不疑，不受挑撥，不受離間。」嬴渠梁：「變法大臣死於非命者不知多少，首要之罪在於國君根基太軟，今日嬴渠梁對天明誓，信君如信我，終我一生。」

【我們可以這樣理解】

1. 第一難，管理變革需要有一群幹部為企業管理變革做出努力貢獻。

2. 第二難，以制度來規範與管理企業，任何人都要遵守制度辦法，任何人都要依照制度辦法規定辦事。

3. 第三難，企業老闆要信任執行管理變革的高階高管。制度的研擬規劃應該都要有充分的事前溝通，制度執行時如果有排斥或不配合情事發生，企業老闆不要偏信偏聽影響對高階高管的信任。

A.4.4 小結

歷史上提倡變法的人，例如商鞅（職業經理人）都沒有好下場，變法之後國家大治（企業成長），真正得利的是國家（企業）。企業老闆應該信任與善待管理變革有功的高階高管以及幹部。看看秦國商鞅變法，是不是和現在企業推行的管理變革有許多類似的過程。

A.5 管理變革成功關鍵因素

A.5.1 老闆的企圖心

企業老闆要有管理變革的企圖心，這是第一個成功關鍵因素。

誠然，企業經營有風險，管理變革需謹慎。企業經營賺了第一桶金以後，不進行管理變革可不可以呢？當然是可以的。如果企業老闆認為接下來的經營狀況沒有什麼問題，產品的市場競爭能力沒有什麼問題，經營發展沒有什麼瓶頸問題，當然也沒有說絕對需要管理變革不可的理由。

企業在不同的經營階段，會有其各自階段性的經營發展優勢與需要突破改善的經營管理瓶頸。企業經營者必須在各種不同的經營環境與經營條件之下，不斷的做出決策與採取相對應的管理措施，企業才能持續的成長發展。

市場競爭是殘酷現實的，企業老闆必需認知，企業經營絕對不能等到營業銷售出現問題的時候，才想到要啟動管理變革機制。要是真到了那個階段，企業的市場競爭能力弱了，企業的經營體質也較弱了，企業管理變革的困難度也就大大的增加了。

A.5.2 帶領變革高管

需要一位帶領管理變革的高階主管，這是第二個成功關鍵因素。

提升營業銷售業績為核心目標的第一次管理變革機制，應該從精進營業銷售管理職能以及健全行銷企劃管理職能，兩個管理職能領域規劃著手。帶領管理變革的高階主管必須具備下列三項基本條件：

1. 具備有行銷企劃與營業銷售兩項領域的專業知識

如果產品通路戰力強，就以提升營業銷售為核心，拓展市場提升營業銷售業績。如果產品通路戰力不強，行銷企劃部門必須從產品、價格、通路以及推廣等四個行銷層面，研擬規劃有效的行銷組合啟動市場。所以，行銷企劃與營業銷售是兩項必需具備的專業知識。

2. 具備制度規劃、培訓、執行等帶領團隊的綜合管理能力

知道如何與現在的團隊一起工作，指導、培訓、管理、鼓勵現在的團隊，帶領團隊一起創造更好的績效。

3. 具備主動積極與企業老闆溝通的管理意識

知道如何與企業老闆溝通，排除工作上的干擾與障礙，進一步取得企業老闆在工作上的信任，幫助自己創造一個優質的工作平臺，能夠有好的績效表現。

A.5.3 企業老闆親自參與

企業老闆要有親自參與管理變革的認知，這是第三個成功關鍵因素。

企業老闆本人對管理變革瞭解愈深入，愈能支援管理變革機制的順利運作。我們發現一個現象，創業的企業老闆，如果在創業之前，曾經在某些管理制度完善的企業任職當過高管，一般隨著企業成長，企業老闆會逐漸的完善各項必需的管理制度，而且制度內容也會有一定的管理水準高度。

為什麼這些企業老闆會逐漸的完善各項必須的管理制度？而且制度內容會有一定的管理水準高度？原因在於，這些企業老闆在創業之前，在那些管理制度完善企業任職階段，對於這些管理制度已經有過學習的經歷，所以當他們創業以後，知道那些管理制度是階段性必須的，這些管理制度應該如何研擬規劃才能達到企業需求的水準高度。

企業老闆要有評估管理制度的專業知識能力。我們常聽有人這麼說，制度沒有好壞問題，適合公司的制度就是好的制度。其實這只是應酬客套話，問題在如何研斷制度是否合適公司現階段需求。制度辦法如果考慮因素不夠周全，可能使得制度辦法窒礙難行，或甚至還可能產生負面效果，尤其是在新產品研發等方面。

A.5.4 需要專業核心幹部

需要具有專業管理知識的核心幹部，這是第四個成功關鍵因素。

管理變革從精進組織部門的管理制度開始，組織部門最高主管必需具備專業管理知識，才能勝任管理變革任務。啟動管理變革初期，企業需要三位

具有專業管理知識的核心幹部：

1. 行銷總經理：綜管行銷企劃與營業銷售兩大部門的總經理。

2. 行銷企劃高管：行銷企劃部門的最高主管。

3. 營業銷售高管：營業銷售部門的最高主管。

A.5.5 開好營業銷售會議決心

企業老闆要有開好營業銷售會議的企圖決心，這是第五個成功關鍵因素。

營業銷售會議是企業老闆的營業銷售管理工具。企業老闆必須利用營業銷售會議來瞭解、督促、管理各項營業銷售活動。對績效好的人員給予適當激勵，對績效不好的人員給予培訓輔導，而且對不適任的人員也應該要有淘汰機制。

對於銷售報表未做完整的，銷售報表內容錯誤的，銷售分析報告亂說應付了事的，如果企業老闆只是在會議上生生氣、罵一罵，在會議之後沒有改善措施要求或其他懲處措施，營業銷售團隊會揣摩企業老闆的管理心態，營業銷售會議將逐漸流於形式，無法達到營業銷售管理的目的

A.5.6 調整組織企圖心

企業老闆要有調整組織人事的企圖決心，這是第六個成功關鍵因素。

管理變革成長是一項系統工程，在執行過程中一定會有種種人事問題出現。不同的人事問題出現應該如何處理？企業需要有兩套配合處理機制：輔導機制與淘汰機制。未來企業間的競爭是經營團隊與經營團隊之間的競爭，調整組織人事優化經營團隊，企業才能為下一階段的快速成長做好準備。

1. 或許有排斥心態不配合的人員。

2. 或許有能力不足無法勝任的人員。

3. 或許有經培訓後仍然無法勝任的人員。

4. 或許有無法勝任但是沒有其他崗位可以調動的人員。

5. 或許有不遵守制度規範、不聽勸導的人員。

A.5.7 小結

　　管理變革的六個成功關鍵因素，個個都是不好啃的硬骨頭。如果要說哪一個成功關鍵因素最重要？企業老闆的企圖心，這是最重要的成功關鍵因素。

國家圖書館出版品預行編目(CIP)資料

行銷管理技能與實務／陳榮岳著.--初版.--臺
北市：五南圖書出版股份有限公司，2024.08
面；　公分
ISBN 978-626-393-258-6(平裝)

1.CST: 行銷學 2.CST: 行銷管理

496　　　　　　　　　113004592

1F2L

行銷管理技能與實務

作　　者 ― 陳榮岳

企劃主編 ― 侯家嵐

責任編輯 ― 吳瑀芳

文字校對 ― 張淑媏

封面設計 ― 封怡彤

出 版 者 ― 五南圖書出版股份有限公司

發 行 人 ― 楊榮川

總 經 理 ― 楊士清

總 編 輯 ― 楊秀麗

地　　址：106臺北市大安區和平東路二段339號4樓

電　　話：(02)2705-5066　　傳　　真：(02)2706-6100

網　　址：https://www.wunan.com.tw

電子郵件：wunan@wunan.com.tw

劃撥帳號：01068953

戶　　名：五南圖書出版股份有限公司

法律顧問：林勝安律師

出版日期：2024年8月初版一刷

定　　價：新臺幣450元

經典永恆・名著常在

五十週年的獻禮——經典名著文庫

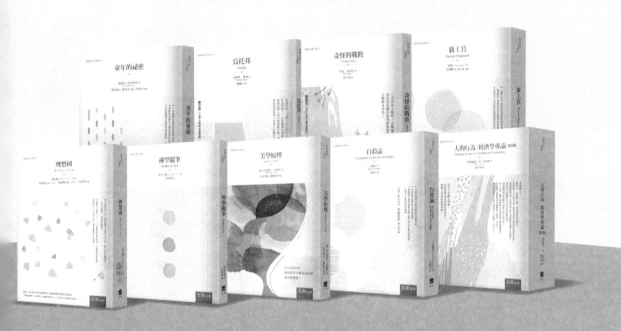

五南，五十年了，半個世紀，人生旅程的一大半，走過來了。

思索著，邁向百年的未來歷程，能為知識界、文化學術界作些什麼？

在速食文化的生態下，有什麼值得讓人雋永品味的？

歷代經典・當今名著，經過時間的洗禮，千錘百鍊，流傳至今，光芒耀人；

不僅使我們能領悟前人的智慧，同時也增深加廣我們思考的深度與視野。

我們決心投入巨資，有計畫的系統梳選，成立「經典名著文庫」，

希望收入古今中外思想性的、充滿睿智與獨見的經典、名著。

這是一項理想性的、永續性的巨大出版工程。

不在意讀者的眾寡，只考慮它的學術價值，力求完整展現先哲思想的軌跡；

為知識界開啟一片智慧之窗，營造一座百花綻放的世界文明公園，

任君遨遊、取菁吸蜜、嘉惠學子！